U0690579

不甘心，先用心

侯舒涵

著

中国致公出版社
China Zhigong Press

图书在版编目（CIP）数据

不甘心，先用心 / 侯舒涵著．-- 北京：中国致公
出版社，2018
ISBN 978-7-5145-1067-6

Ⅰ．①不… Ⅱ．①侯… Ⅲ．①成功心理—青少年读物
Ⅳ．① B848.4-49

中国版本图书馆 CIP 数据核字（2017）第 217649 号

不甘心，先用心

侯舒涵　著

责任编辑：蒋晓舟
责任印制：岳　珍

出版发行：中国致公出版社
　　　　　China Zhigong Press
地　　址：北京市海淀区翠微路 2 号院科贸楼
邮　　编：100036
电　　话：010-85869872（发行部）
经　　销：全国新华书店
印　　刷：天津中印联印务有限公司
开　　本：787mm×1092mm　　1/16
印　　张：15
字　　数：221 千字
版　　次：2018 年 6 月第 1 版　　2018 年 6 月第 1 次印刷
定　　价：39.80 元

不甘心，先用心，然后过舒心的人生

有这样一个故事：

有两个人正在大街上闲逛，天气突然发生变化，下起了一场大雨。路人 A 看到别人都拿着雨伞，就开始快速地奔跑起来；路人 B 看到别人手中的雨伞后，心中十分羡慕，但他本人只是低着头，心情郁闷地走着，任由雨水将自己的全身淋湿，犹如一只狼狈的落汤鸡一般。路人 A 看到后，很奇怪地问路人 B："为什么你不努力地奔跑呢？"路人 B 回答说："别人都有雨伞，我却什么都没有，即使我再怎么努力地奔跑，最终也会被大雨淋湿，那么我为何还要白白地浪费力气呢？"路人 A 听后不知道应当如何回答。

在这个故事中，面对相同的境遇，路人 A 与路人 B 持有不同的心态，最终选择了不同的路——路人 A 选择了努力奔跑，路人 B 选择了"破罐子破摔"。

其实，在现实生活中也有不少类似的情况。有太多人羡慕别人高贵的出身、骄人的成就等，而对自己的处境十分不甘心，但并不是每个人在有了这样的不甘心后都能做出正确的选择。有些人在羡慕他人成功、不甘心自己处于困境时，选择了自暴自弃，得过且过，最终也只能浑浑噩噩地过一辈子。而有些人在同样的境遇下选择了用心改变自己，坚持不懈地努力拼搏，最终自己也获得了傲人的成就。

其实，在面对他人的成功时，我们每个人都会产生羡慕、不甘心的情绪，这时，我们就需要保持良好的心态，坚定自己的信念，勇敢地承受人生中的风刀雨剑，大胆地向前冲。唯有这样，我们才能够从阴霾之中冲出来，才能够迎接最美好的曙光。

不甘心，先用心，如此方可舒心。无论别人取得多大的成就，自己现在的人生状况如何糟糕，你都不能单纯地羡慕别人，在生出诸多不甘心后怨天尤人、自暴自弃，而应当积极乐观地接受你生活的一切，然后用心努力，坚持不懈，坚强地过好每一天。

别再单纯地羡慕别人，怨天尤人地不甘心自己的处境了，努力拼搏吧！坚守自己的梦想，紧紧握住命运的咽喉，将属于自己的青春绽放，在大千世界中鹰击长空，鹏程万里，让你的人生不留遗憾，让你的生活不再蹉跎。只要用心，总有一天，你会登上人生的巅峰，打造出一片繁华盛景。只要用心，你终将过上舒心的人生！

本书用 10 章内容，为大家详细地阐述了"不甘心，先用心"的真谛，希望能为当下迷茫的年轻人指点迷津，传递正能量；更希望每一位不甘心平庸的年轻人都能从本书中有所收获，汲取到前进的力量。

| 目录 |
CONTENTS

PART 7

_ 承受：我们到底要不要与生活讲和

PART 8

_ 抗挫：要能度过光明到来前的那一段黑暗

PART 9
_ 用心：越努力，越幸运

PART 10
_ 舍得：坚持该坚持的，放手该放手的

PART 1

拼搏：

没有人给你让路，就自己开路

足够用心努力，机会就会来找你

机遇并非天上掉下来的，也不是等来的，而是通过不懈的努力争取来的，也唯有这样，才能够得到机遇，才有可能拥抱成功。

机会不是等来的，是否有机会，关键在于你如何争取；成就不是等来的，是否有成就，关键在于你如何努力；前途不是盼来的，是否有前途，关键在于你如何奋斗。

从表面上看，机遇是偶然性的，难以预测，难以捕捉；可是从深层次看，它又是无时不有、无处不在的。只要你的先天条件和后天努力到位，机遇就会降临到你的头上。

人总是会遇到成功与失败这两个"朋友"。其实，人生道路在某一个角度上说就是由成功和失败组成的。二者也是可以相互转换的，例如，经过一次次的失败才能走向成功。因此，面对失败不要怕，只要你足够用心、足够努力，机会就会来找你。

他的画举世闻名，深受人们的喜爱，被西方艺坛赞为"东方之笔"，又被称为"临摹天下名画最多的画家"。他就是我国现代著名画家张大千，而这些荣誉都来自他年少时对画画的痴迷和努力。

张大千出生在一个书香门第，小的时候住在苏州的一座园林里。一天，他的舅舅送来了一只小老虎，他家人把小老虎饲养在了院子里。那时候的张大千正在学画，并对小老虎喜爱有加，于是整日对着小老虎练习作画。就这样，他夜以继日地画虎，渐渐地和小老虎有了感情。后来，小老虎变成了大老虎，此时的张大千已经擅长画各种老虎的神态了。无论是憨态可掬的老虎幼崽，还是面带凶相的大老虎，他画出来都是栩栩如生，让人看了惊叹不已。

有一天，在张大千作画的时候，老虎因为没有吃饱而不停地走动。张大千走过去拍拍老虎的头想让它安静下来，谁知道平时温驯的"乖乖虎"突然兽性大发，在他的胳膊上咬了一口。因为伤势比较严重，张大千休养了好一阵子。但是他依旧每天带着伤痛努力地练习作画，画技越来越好，得到了越来越多人的赞许。最终，他通过自身的努力开创了新的艺术风格，他的治学方法也一直被从传统走向现代的画家们所借鉴。

正是因为张大千坚持不懈地努力，发挥了自己的专长，最后才有了不朽的成就。只要你足够用心努力，机会就会主动来找你，把握好了机会，成功就是水到渠成的事。

童年时期，佐川清的家庭条件非常优越，他生活在父母的宠爱中。然而，这种幸福生活却在他 8 岁那年，随着母亲的去世而结束了。

父亲娶了继母，但继母却对佐川清很不好。所以，佐川清还没有完成中学学业，就赌气离开了家，独自到外面谋生了。因为当时佐川清的年龄还很小，所以他想找到一份工作是十分困难的。为了能够生存下去，他不得不到一家运输公司做了一名脚夫。

此时的佐川清不知道，这个选择决定了他今后的事业。

起初，佐川清在一家叫"丸源"的运输公司做了两年，随后就回了家，想帮家里做点事情，但是和继母的矛盾却又一次爆发，于是，他开始在各地给别人充当脚夫。

佐川清 35 岁的时候，不想再给别人打工了，想拥有一份自己的事业。他对其他行业也不懂，于是就在京都建立了"佐川捷运公司"。

刚开始的时候，公司就他一个人。他的妻子有时候也会来帮他一下，算得上是半个兼职员工。

当时的佐川清做的是来往于京都与大阪之间的快递生意，目标客户主要是供应商和代销商。可是让佐川清没有想到的是，公司开业很长一段时间都没有拉到生意。主要是因为他的公司没有什么知名度，客户对他公司的能力缺乏信心，而且他自己也有资金问题，没有资产可以抵押，信用不容易树立起来。不过，他韧性十足，为了争取客户把业务交给自己来做，他每天都去拜访客户，希望能让客户感受到自己的诚意。

半个月一晃而过。这一天，位于大阪的"千田商会"的老板又看到他前来拜访了。或许是被佐川清的毅力所感动，或许是觉得佐川清是一个做事认真的人，这位老板决定和他聊一聊。

通过一番了解，"千田商会"老板知道了佐川清的创业经历，然后被深深感动了。随后，他马上给了佐川清第一单生意——把10架莱卡相机送到京都的一家照相机店去。这是佐川清成立公司以来接到的第一单生意。

莱卡相机非常昂贵，所以佐川清像护送无价之宝似的小心护送这批相机，最终安全送达。老板对佐川清很满意，从此以后一有机会就向朋友们大力推荐佐川清，希望能给后者争取越来越多的生意。

之后没过多长时间，大阪"光洋轴承"委托佐川清运送一大批轴承。一般没人愿意搬运这种超级重的物品，但佐川清非常高兴地接下了这笔业务。

每个轴承的重量都达到了50公斤，佐川清将3个轴承背在背上，将2个轴承挂在胸前，每天要来往于大阪与京都之间7次。

可是佐川清却没有一丝一毫的放弃，他这种能吃苦的精神令"光洋轴承"的老板很感动，此后，"光洋轴承"公司一切的快递业务都委托给了佐川清去做。

通过这两单生意，其他人对佐川清有了进一步了解，都觉得他是一个值得信赖的人，也慢慢地开始将业务交给他做。

就这样，通过自己的不懈努力以及客户们的推荐，佐川清很快就把局面打开了，生意越来越红火。

最终，佐川捷运公司发展成一家规模较大的货运集团公司，拥有卡车上万辆，店铺好几百家，拥有电脑中心控制与现代化流水作业，将日本的货运业垄断了，生意遍布国内外，每年的营业额都在几千亿日元以上。

美国著名作家詹姆斯·罗威尔曾经说过这样的话："人世间不幸的事情就好像一把锋利的刀，它既可以被我们所用，也能够割伤我们，关键在于你握住的到底是刀刃，还是刀柄。"

大量的成功案例已经充分地证明，机遇并非天上掉下来的，也不是等来的，而是通过不懈的努力争取来的。也唯有努力的人，才能够得到机遇，才有可能拥抱成功。因此，想要取得成功、拥有一个精彩人生的你，除了努力还能怎样呢？

拼搏才是人生的真谛

你不要嘲笑那些比你拼搏的人，也不要理会那些嘲笑你拼搏的人。你要坚信：拼搏才是人生的真谛。

人生的真谛到底是什么？种子告诉我们，为了将来破土而出，它不断地拼搏着，这是成长的萌发；蜜蜂告诉我们，为了甜美的蜜糖，它不断地拼搏着，这是勤劳的付出；太阳告诉我们，为了明媚灿烂，它不断地拼搏着，这是梦想的追求。它们告诉我们，拼搏才是人生的真谛！

社会在快速发展，我们面临的是更为残酷的竞争，达尔文进化论说：优胜劣汰，适者生存。要成为优者、适者，唯有努力拼搏。还有，收获和付出是成正比的，我们想要获得什么，就要付出同等的努力。有人可能会说，自己宁可庸碌一生，也不想辛苦拼搏。但若不曾拼搏，你就会失去许多值得交往的人，许多值得记忆的事。拼搏吧，你才能获得丰富多彩的人生；坚持吧，你才能获得成功女神的青睐。

中国首个登上世界七大洲所有最高峰的英雄，名叫王勇峰。他自幼就喜欢登山，知道这是一项非常刺激又十分艰难的运动，他的心中始终有一种不可磨灭的斗志，因而多年来，他一直坚持参加登山活动。

高耸入云的珠穆朗玛峰，王勇峰勇敢地做出了要征服它的决定！因为拼搏，他坚持不懈地努力着！然而，有很多时候人不仅需要坚持和努力，还需要为成功付出更大的牺牲。王勇峰在与珠穆朗玛峰"亲密接触"的时候，冻掉了3个珍贵的脚趾。

那是在 1993 年，海峡两岸联合组织了一次攀登珠峰的活动。王勇峰登上珠穆朗玛峰的峰顶之后，氧气已经用完了，体力也将要达到极限。没有氧气支撑的王勇峰，在右眼失明的情况下，行动十分艰难。队友们都认为他已经遇难了。然而，28 个小时之后，他居然奇迹般地再次出现了。

正是由于王勇峰的拼搏和努力，虽然付出了 3 个脚趾的代价，但最终，他战胜了死神！由此可见，拼搏是多么的重要。因此，朋友们，请一定要学会拼搏！

有一位年轻人非常渴望成功，所以年仅 14 岁便开始练习拳击。当他首次登上拳击台比赛时，他的鼻梁差点儿被打断了，血流满面。但第二天他又站在了拳击台上。其实，他更多时候扮演的都是被揍的角色，但他一次次被击倒后，又一次次站了起来。他深知，想在拳坛出人头地，就必须从一开始就接受最严苛的训练和最残酷的击打。但命运似乎并没有安排他在拳坛上取得成功，很快，在一次拳击对打练习中，他的左眼不幸受了伤，从此失去了视力。他再也无法参赛。

后来他转了行，却依旧为自己的明天拼搏，并在新的人生旅途上找到了属于他自己的成功之路。

19 岁那年他参了军。在残酷的战场上，他并没有逃过厄运。在一次战斗中，他被 200 多块炸弹残片击中。经过医生抢救，他活了下来，但由于医疗条件所限，有些弹片永远留在了他的身体里。

就这样，参军仅一年的他光荣退役了。回到家后，他立志要成为一名作家。于是，他开始努力写作，然后向出版机构投稿。然而，他的作品一次又一次地被退稿了。他不但没有气馁，还越挫越勇，更加努力地写作。到 24 岁时，他的执着终于得到了回报——他的第一部著作出版了。可是只印刷了 300 册，这根本不足以支撑他的生活，更何况为了全心投入写作，他早已身无分文。

这个一生为了梦想拼搏的年轻人就是 1954 年的诺贝尔文学奖得主——世界名

著《老人与海》的作者——欧内斯特·海明威。

海明威历经了人生的起起伏伏，却仍然坚持梦想，努力拼搏，最终如愿以偿地实现了自己的梦想。

几年前，松下幸之助的公司来了一个年轻人，每天加班到 11 点，有时甚至在公司过夜，周末如果没有不得不去做的事，他也都在加班。同部门的人如果有急事要先走，也都找他帮忙处理剩下的工作。

有时候，松下幸之助会劝他回去休息，他却笑着说："没事，我想趁现在多学一点儿。"也有人在背后笑他是"傻子"，但他就这样默默无闻地当了 3 年的"傻子"，不仅学会了胜任本部门工作的技能，而且学会了不少修理机器的技能。然后在一个大项目的运营中，他因为对各个环节的操作都很熟悉，很快脱颖而出，之后顺利成了部门主管。一般而言，要从新人晋升为部门主管，没有 5 年的磨炼是不行的，但他只用了 3 年。

你不妨问问自己：我每天都在拼搏吗？我所谓的"拼搏"里面，是否含有水分呢？因而，你不要嘲笑那些比你们拼搏的人，也不要理会那些嘲笑你拼搏的人。你要坚信：拼搏才是人生的真谛。

如果没有拼搏，张海迪怎么可能开心而充实地生活，并为中国的文学贡献一分力量？

如果没有拼搏，爱迪生怎么可能研发出多种发明，为科学做出巨大贡献，为后人带来各种便利？

如果没有拼搏，海尔集团怎么可能在遭遇失败时不停住脚步，还迅速发展壮大，直到今天都享受着来自中外顾客的拥护？

不可否认，人生的真谛为拼搏！

这里所说的拼搏，就是面对压力不逃避，面对困难不低头，面对挫折勇敢前行。拼搏并非一时的心血来潮，而是要用坚强的意志与坚定的信念来维持与导航的。因此，在拼搏力量的支持下，攀登者为了那仙云环绕、美丽迷人的顶峰而挥汗如雨；远行者为了那鸟语花香、春暖花开的胜景而涉海登山。是的，我们应当为了通过拼搏而取得的胜利欢呼、喝彩。

　　回想一下，在人生的道路上，你是不是真的在拼搏？若没有，那就立即行动吧，朝着自己的梦想和目标，坚强而勇敢地大步前行，真切地感受拼搏的乐趣与美好！你必定会得到一份既意想不到又令人欢喜的收获！

努力，直到你无能为力

努力是帮助你打开成功之门的金钥匙，想要获得成功女神的青睐，如愿以偿地戴上成功的桂冠，必须要努力，努力，再努力，直到你无能为力！

如果想要做好一件事情，必须努力到什么程度呢？很显然，这个问题回答起来有些难度。因为只有结果出来之后，我们才能清楚自己是不是做了充足的努力，或者应该更加努力。

1964年的一天，松下电器的老板松下幸之助召集他旗下的各个销售公司的总经理以及代理商们一起开会。在会上，一家代理商向他诉苦说："近来我们的销售业绩做得并不好，一直亏损，真是愁死人了！您说怎么办才好呢？"

松下幸之助听了这家代理商的话后，感到很震惊，要知道，这家代理商已经和松下电器合作了40多年，一直业绩都很好，现在却说亏损了！虽然这段时间日本正处在经济困难时期，生意都不好做，但这家代理商的口碑一直非常好，销售业绩居然也会不好，甚至还亏损了，这还是令松下幸之助很意外。

在粗略了解了一下这家代理商的销售情况后，松下幸之助说道："从你父亲把公司交到你手上开始，至今已有20多年了，现在你的公司也有四五十名员工了。现在的日本，经济普遍不景气，所以你的公司出现亏损也实属正常。问一句题外话，你上厕所小便时，有过小便发红的状况吗？"

为什么松下幸之助会突然问这样的问题？原来，他想起来自己还是店伙计时，店老板曾多次跟他说道："在做生意的过程中，我们总是会面对很多困难，遭遇很多残酷的事，这就好比我们在战场上真刀真枪地与敌人拼杀，就必然会切切实实地面对各种困难，碰到各种危机与感受到各种残酷。在做生意过程中，当我们遇到必须要尽快解决的大困难时，我们很可能会连续数日都难以正常入睡，我们很容易陷入忧虑、焦躁甚至莫名的恐惧里，我们需要绞尽脑汁地寻找出解决难题的方法。当我们陷入这种生活状态时，就很容易导致血尿，出现小便发红的症状。当我们操劳到这种程度时，往往能找到合适的解决方案，从而将我们焦躁不安的心平静下来，我们才能看到胜利的曙光，走上一条宽阔的道路。我个人的一条经商经验与心得是，想成为一名合格的生意人，至少要有两到三次小便发红的经历。"

听了松下幸之助的发问，那位代理商回答道："我还没有过这样的经历呢。"松下幸之助于是对他说道："当你公司的业绩很好时，你没有小便发红，这是很正常的。但一家已有40年经营历史的老字号，现在在你手上出现了经营危机，你竟然还没有出现小便发红的状况，说明你为了解决问题所费的心思还不够啊！你手下的四五十名员工的前途都紧系在你身上，你既没有急白了头发，又没有急红了小便，却只想着让别人帮你想办法。你问我怎么办，我有没有有效的解决你目前危机的方法，我很抱歉地对你说，没有。说几句话就能让你的公司扭亏为盈，这样的能耐我真的没有！作为供货商，由于成本等原因，我没办法把产品降价卖给你，一时半会也想不出好方法去帮助你。现在我只能说，你自己想办法吧，想到小便发红的时候，方法很可能就有了！"

松下幸之助说的这番话，那位代理商乍听起来很可能非常"逆耳"，但松下幸之助认为，"忠言逆耳"，如果真正用心去寻找解决之道，是一定能找得到的。因为在任何经济不景气的时代里，在很多公司业绩不佳时，依然有一些公司能够发展得很好。这些业绩很好的公司之所以取得很好的业绩，靠的不是向专家或权威人士求教，而是老板和员工们耗尽心力的努力！

过了一段时间，松下幸之助又见到了这位代理商。代理商一见到他，就用感激的语气说："松下先生，真的非常感谢您！当时幸好有您的'当头棒喝'，才让我醒悟过来。回去之后，我想方设法解决问题，并尽可能地调动起了大家的工作积极性。很快，公司便扭亏为盈，并且业绩越做越好。"

原来，那天被松下幸之助点醒了之后，这位代理商一回到公司，便给大家开了个会，向大家转达了松下幸之助对他说的话。然后，他马上以身作则，亲自跑业务，走访客户，解决公司的各项难题……大家看到他说到做到，也都卖力地工作了起来。于是，公司成功地解决了危机，发展越来越好。

成功并不是一蹴而就，需要你坚持努力，努力，再努力。唯有努力之人，获得成功的概率才会更大。

1963 年，汤姆·霍普金斯满 18 岁。就是在这一年，他得到了人生的第一份工作，成了美国某房地产公司销售。糟糕的是，他在工作期间并没有做出好的成绩。入职后的半年时间里，他在销售过程中不但受尽了冷眼与拒绝，还经历了一次又一次的碰壁，最后甚至连正常的温饱问题都快要解决不了了。但即使在最困难的时候，他依然鼓励自己必须坚持努力下去，并运用自己的方式一次次排解着失败的压力。

霍普金斯的性格比较乐观，他认为自己只是还没有找到成功的秘诀。面对失败，他不气馁，而是一次又一次地拼命努力着。

别人都是驾驶着汽车出去拉业务，他却是骑着一辆破旧不堪的摩托车，这令不少客户都不信任他。为了赢得客户的认可与信任，他狠了狠心，出钱买了一辆汽车，但这辆汽车却十分破旧，好像一堆废铁一样。而且副驾驶座上有一个弹簧是凸出来的，它总是会扎到坐在这个位置的客户，这让他觉得尴尬极了。虽然他总是略带幽默地对客户说："你将房子买下了，我才会放你离开我的车。"但这也没有将客户留住。

有一天，一位女士给霍普金斯打电话，在电话中，这位女士说，她想要买套房子，并且打算拿出 20 万美元作为预算。霍普金斯欣喜若狂，他甚至产生了"这不是真的"的错觉。

他太高兴了，以至于整个晚上都没能睡着。第二天一大清早，他就驾驶着他的破汽车，开始四处寻找与对方所提条件相符的房子。他基本上将全城的所有地方都跑遍了，终于找到一套完全符合那个女士要求的房子——一套面积为 700 多平方米，并且带有私人泳池与花园的房子。

霍普金斯激动极了，一回到自己的办公室马上打电话给那个女士。他与对方约好了见面的时间以后，就开始悄悄地对自己可以得到的佣金数额进行计算。当天下午2点，那位女士按照约定来了。那是一个穿着打扮十分富贵美丽的阔太太，霍普金斯还没有见过这么漂亮的女士。

霍普金斯让这位女士坐进了自己的破汽车中，带着她去看房子。然而在路上，车子抛锚了。原来，他的破汽车上根本没有配备汽油表，所以他并不能随时得知车上剩多少汽油，以至于最终没油了才知道。在这种情况下，他不得不下车去买汽油，而这位女士只能在这辆连窗户都打不开的破车里忍受着40多摄氏度的高温等待他。

他回来的时候，这位女士浑身上下都已经湿透了。万幸的是，他们最终还是来到了目的地。但霍普金斯早已经紧张得不行了，原本储存在脑海中的关于这套房子的信息，现在变成了一片空白。所以，当这位女士进行询问房子的信息时，他都已经蒙了。他迷迷糊糊地走到落地窗的前面，将窗帘拉开了，并且用手指了指外面的杉树林，想要以此来使紧张的气氛缓和一下。但由于玻璃被擦得过于干净，这位女士竟然一下子与大玻璃撞上了。

面对各种各样的意外，这位女士实在是忍不下去了，而霍普金斯也惊呆了，不知道怎么办才好。最后，这位女士直接让霍普金斯送自己回去。直到下车时，他的眼睛都不敢看这位女士。原本，他打算使用这套房子卖出去后的佣金来支付自己的房租的，而且他还打算邀请一些同事聚在一起庆祝一下，结果，全都搞砸了。

回到公司之后，霍普金斯低着头，什么都没说。同事前来询问他时，他也只不过是看上去很颓废地挥了挥手。他坐在自己的工位上，沮丧极了。

这个时候，他突然接到了一位先生的电话，询问他是不是将一套房子推荐给了他的太太，并且说想要过来看一看具体的情况。霍普金斯听了十分惊慌，他害怕这位先生过来是为找他算账。他心神不定地将这件事情告诉了经理，并且表示他绝对不能与这位先生见面，他觉得这位先生肯定会杀了他的。然而，经理却耐心地鼓励他，让他不要担心，继续做下去。他本人也觉得该面对的还是要面对，若自己再努力一把，或许还有可能拿下这个订单。于是，他陪同这对夫妇一起去看房。

20世纪60年代的美国，环境还不是太好，路上还经常有马车的身影。霍普金斯和这对夫妇谈话的时候，一只个头很大的苍蝇飞了过来，并且嗡嗡地叫个不停。对此，霍普金斯非常担心：之前车子抛锚已经让客户感到不满意，这次又来了苍蝇，这可怎么办才好呢？

这只讨人厌的苍蝇一会儿围着那位先生转，一会儿又飞到那个女士的身上，霍普金斯非常紧张地盯着那只苍蝇的影踪。为了解决这只苍蝇所带来的麻烦，当苍蝇来到霍普金斯的面前时，他居然快速地将那只苍蝇抓住，并且吃了下去。这对夫妇看到后，都张大嘴巴极其震惊地盯着他，犹如看到了外星人一般。最终的结果是生意又失败了。

这件事情发生后，霍普金斯简直都绝望了，他真的想过选择放弃。但等他冷静下来之后，他又觉得，既然有尴尬，有失落，那必定会有一些收获。现在自己之所以未能成功，可能是自己还没有努力到极致，只要自己努力，努力，再努力，总有一天会成功的。

后来，当他回忆起这段经历时，他说道："任何的成功，都离不开持续的努力。在那个时期里，我曾经连续三年每年都只休息三天。这三天还是圣诞节假期！而其他时候，我是全勤的，每天我都是第一个来到办公室，最后一个离开！"

就这样，他经历了一次次的失败，但仍然坚定地前行；经历了一次次的绝望，但依旧没有选择放弃。美国房地产前景不佳时，不少人都曾经劝导过他，让他放弃，但他仍然一心一意地努力着。

有付出，总有一天会有回报的。很快，10年过去了，霍普金斯已经变成了全球卖房子最棒的人，被美国报刊叫作"国际销售界的传奇冠军"，被誉为"世界房地产行业里单年内成交最多房屋的业务员"的吉尼斯世界纪录保持者。通过卖房子，他在短短3年时间里便赚到了3000多万美元。

他又是"销售冠军的缔造者"，有500万以上的人现场接受过他的销售培训，其中有很多人在他的指导下成了销售冠军。他所写的销售书籍被翻译成了11种文字，是每一个渴望成功的销售人员不容错过的好书。

努力是帮助你打开成功之门的金钥匙。想要获得成功女神的青睐，如愿以偿地戴上成功的桂冠，必须要努力，努力，再努力，直到你无能为力！

把你的梦想照进现实

在创业的路上，挫折和困境都是难免的，商机眷顾那些保持积极心态，能够坚持不懈努力的人。

在现实社会中，有些人之所以没能获得成功，并非由于其做事方法存在问题，而是由于其心态存在问题。最开始的时候，每一个人都有自己的梦想，但最终可以实现梦想的人却不多。无法实现梦想的原因有很多，但如愿以偿圆梦的原因可能只有一个，那就是将自己的梦想照进现实，坚持不懈地努力，不实现梦想誓不罢休。

出生在 20 世纪 70 年代的人，很多可能都看过动画片《米老鼠与唐老鸭》，并对唐老鸭的声音记忆犹新，它的声音是那么经典，那么搞笑。而给唐老鸭配音的人叫作李扬。

在不少人看来，李扬应该是一个专业的配音演员。然而，事实却并非如此，李扬最开始仅仅是一位部队中的工程兵，主要负责挖土、打坑道、运送灰浆以及建造房屋。而这些似乎与他的配音工作根本就挨不着边。

可是，李扬的心中却很清楚，对于配音的工作，自己一直比较擅长并且喜爱。因此，尽管他现在做的并非这一行业，但他从未放弃过梦想，他坚定地相信：总有一天，自己的优势会被发掘出来的。

于是，每逢空闲时间，他总是会用心地看看书，读读报，浏览一下中外名著，并且尝试着弄一些创作。退伍之后，李扬成了一名工人，但对于自己的梦想，他依旧执着地追求着，只不过是在接受现实的基础上，默默地为自己的梦想努力着。

后来，国家恢复了高考制度，李扬不仅参加了高考，并且还被北京大学机械系录取了，这就为他日后发挥自身优势创造了机会。因为他自身的天赋、持续不断的努力及不少朋友的推荐，李扬终于得到了一些参与外国影片译制录音工作的机会。

李扬的声音不仅十分生动，而且具有很好的想象力。

几年来，他潜心钻研，终于形成了一套属于自己的与众不同的配音风格。这个时候的李扬可以说是箭在弦上，只要有人开弓，就能直接射向目标。

机会终于降临了，《米老鼠与唐老鸭》这部在全世界都非常著名的动画片在中国招募汉语配音演员。李扬满怀信心地参加了这次招募，尽管他只不过是业余配音演员，但他依靠自己独一无二的配音风格得到了迪士尼公司的青睐，成了为唐老鸭进行配音的人。从此之后，他成了一位大家耳熟能详的配音演员。

每当有人询问李扬的成功诀窍时，他都会说："我取得成功的诀窍为：我能将自己的梦想照进现实，且坚持不懈地挖掘自己的优势。"

李扬能获得成功，原因在于他坚定地相信总有一天自身的潜能会被发挥出来，因此，他才会始终朝着这个方向努力奋斗，不管付出怎样的代价都在所不惜。

很多时候，一个人总是与成功无缘，其关键就在于自己的心态有问题，也就是说他总是不能将自己的梦想照进现实。换句话说，他总是觉得做这项工作并非自己的优势，或是没兴趣做这项工作。一个人在做自身不感兴趣或不擅长的工作时，往往会缺乏热情与精力，不能够坚持不懈地努力。而这样的人根本不可能做出骄人的成绩。

2014 年 6 月，刚刚大学毕业的王枫和同学张亮合伙创立了一家网络公司，主营电子商务。两个年轻人早在学生时代就对这一项目做了大量的市场调查和可行性研究，并制订了非常详尽的策划方案和发展计划。两个人都信心满满，他们相信这一项目有着巨大的市场潜力，如果发展顺利，就一定能够成功。

经过近半年的投入和准备，2015 年年初，他们的网站正式上线了。当真正开始运作的时候，两个年轻人才发现，他们想得太简单了。上线之初，尽管网站推出了很多优惠政策，但招商情况却始终不太理想。网站上的商家少，商品不全，自然无法吸引用户。而公司只有两个业务员，王枫和张亮不得不亲自上阵，一家

一家地谈客户，晚上还要测试网站、更新内容、处理订单。两个月下来，两个人
都快累垮了。

辛勤的工作并没有换来网站经营状况的好转，到 2015 年 5 月，他们的资金
已经用光了，还拖欠了员工两个月的工资，网站经营状况没有任何起色。面对极
度窘迫的处境，张亮动摇了，他想放弃，并劝王枫也放弃。但是王枫坚信网站的
发展前景一定会好，只要坚持不懈地努力下去就会成功。又艰难地度过一个月后，
张亮向王枫提出退股。

王枫向家里借了一笔钱，清算了股份，又结清了员工的工资以后，已所剩无
几。他意识到，网站要想发展下去，资金是首要问题，自己的这点钱无论如何是
做不下去的。于是，在跑客户、维护网站之余，王枫又多了一项工作——找投资。

就这样过了好几个月，王枫用一份几乎无懈可击的网站发展策划方案和自己
的态度，得到一位风险投资人的信任，成功完成首轮融资。资金有了，一切开展
起来就顺利多了。

王枫迅速建立了一个新的团队，经过不懈地努力，很快就在电子商务网站中站
稳了脚跟，并呈现出良好的发展态势。现如今他已是电子商务圈小有名气的企业家。

而张亮在退出网站后，进入一家大型网络公司打工，过着普通的工薪族生活。
再次见到王枫，他在惭愧之余也深感后悔。

王枫和张亮由联盟到分道扬镳，有了不同的人生轨迹。王枫坚信网站的发展
前景，通过自己坚持不懈地努力，成了成功的创业者；而张亮却没有继续坚持下
去，中途退出，成为一名普通的工薪族。

很多时候，成功与失败只有一步之遥。在创业的路上，挫折和困境都是难免
的，商机眷顾那些保持积极心态、能够坚持不懈努力的人。大浪淘沙，在绝境中
仍能咬牙努力到底的人，才能成为真正意义上的强者。

相信在这个世界上，没有一个人愿意成为一无是处的"废物"。所以，从现在
就开始行动吧，将自己的梦想照进现实，为了自己的未来而努力奋斗。虽然你可
能由于某些现实原因而将梦想暂时搁置，但只要你没有放弃，而是在现实的基础
上不懈地努力，那么总有一天你会获得成功女神的青睐。

切记，你是在为你自己努力

你所做的一切并不是为了任何人，而是为了你自己。换句话说，你是在为自己努力！

倘若你经受了一定的苦难，那么你应该感谢生活，因为那是它给予你的一种"礼物"；倘若你经受了一定的苦难，还懂得感谢生活，就说明你依然对人生充满了热爱。

你不懈地努力着，挑战着，折腾着，最终获得了成功，实现了人生的意义。而你所做的一切并不是为了别人，而是为了你自己。换句话说，你是在为自己努力！

维珍集团是英国规模最大的民营公司、世界上最著名的企业之一，集团旗下拥有200多项产业。维珍集团的创始人、大老板理查德·布兰森的个人财富有几十亿美元。在全球企业家里，他的财富总额在全球富豪的百名开外，他也不是世界上最成功的商人，但他一定是最懂得享受生活的人之一。

在英国，他也许比英国女王还有名，名气源自他的传奇经历。那么，就让我们翻开他的传奇史，看看他为什么会比英国女王还有名。

英国白金汉郡有一所大型公立学校，叫斯托学校。每一天，在这所学校里就读的学生们都会严格按照学校的规定，颇有规律地过着校园生活。这所环境优美的学校一直很平静，直到一位叫理查德·布兰森的15岁男孩的出现。

从进入斯托学校的第一天开始，布兰森就开始琢磨如何改变学校的规章制度。

因为他感觉这所学校的校规死板得跟军规似的，而有些过时了的条款则让人看起来很莫名其妙。还有一些规定在他看起来很不合理。例如有一条是这样规定的：当校队在其他学校进行比赛时，不参加比赛的人都必须前去现场观看比赛，为校队加油助威。

布兰森一直很喜欢运动，一度他觉得自己都能入选校队了，但天不遂人意，他的膝部不小心弄伤了，所以连一丝为校队打球的希望都没有了。不但不能打球，还要被迫每周去看比赛，这让他既感到心里不舒服，又觉得很浪费自己的时间。于是，他写信给校长，强烈反对强制观看比赛。他在信中表示，学生有权利安排自己的时间。对不愿去看球赛的学生来说，即便是利用这段时间擦擦窗户，也比去看丝毫不感兴趣的球赛更有收获，也更有价值。

他还尝试改变学校的用餐制度，他认为要改善斯托学校，最好从社交开始。学校里的学生都希望从谈话中得到更多信息，尤其是在吃饭时间进行交谈。然而，这在斯托学校是被禁止的，每个人都有属于自己的座位，每个人的身边坐着的一直是同一个人。他建议食堂允许学生自由选择食物与座位，这样不仅可以降低食物的浪费，还可以减少校内餐厅的服务员。

对于他的建议，校长表现得很平静，不表示接受，也不完全反对。校长对他说："你不妨在校刊上将你的观点刊登出来。"他从校长提出的建议中得到了启示，是的，为什么不发表这些意见，让同学们都参与进来，一同反对那些陈旧迂腐的校规呢？不过，校刊认为他的这些观点过于"叛逆"，因此，校刊拒绝了他的刊登请求。在这种情况下，他产生了一个奇妙的想法：自己创办一个观点新奇的杂志。

他联系其他反对这种规章制度的学生，希望能够合伙办一本杂志。达成一致后，他们投入大量精力于即将诞生的新杂志中。

想要出版发行一本新杂志，首先必须要有资金。最常见的资金来源是什么？是的，广告费。布兰森也很容易就想到了这一点。广告费从何而来呢？他迅速通过各种渠道收集客户的信息，最终从中挑选了200多位知名人士，作为自己的候选目标客户。随后，他又给怀特·史密斯写了一封信。怀特·史密斯是谁？英国最著名的书籍连锁店老板。布兰森给他写信的主要目的，是希望自己的杂志能在书店里上架。

当他将全盘计划制作成一份商业计划书以后，经过反复推敲，他又认为自己规划的生意规模太小，他决定扩大覆盖面，将更多的学校纳入其中。这样杂志就可以面向更多的读者，吸引到更多的广告客户。

在确定了这本杂志的读者范围后，布兰森给杂志定名为《学生》。经过一番说服，他从自己母亲那里借来了一笔启动资金。然后，他用这些钱交了电话费和邮资。

有了创办《学生》杂志的目标，他有了新的动力。他在自己的宿舍设置了一个办公室，并且向校长提出为他安装电话的请求。这一次校长断然拒绝了他的请求，他只好在公用电话亭打电话。

一番努力后，所有人都觉得杂志可以出版了。但是他却坚持不出版，因为他列出的客户中，大多数都不愿冒险在一个不曾出版的杂志上付广告费。富有智慧的他想到了一个妙招，能够很好地吸引他们的注意力：他给可口可乐打电话，告诉他们，他们的竞争对手百事可乐将要在自己的杂志上做整版广告，他问可口可乐是否也需要做广告宣传。他还想方设法向这些潜在广告商强调：自己的这本《学生》将会是英国最大的青年杂志。

拿竞争对手去吸引来广告赞助的手法，布兰森除了用在了可口可乐、百事可乐身上，还用在了《每日电讯报》《每日快报》以及威斯敏斯特银行、劳埃德银行身上。

俗话说，有所得必有所失。布兰森在筹办《学生》杂志上的工作越来越顺利，但他的学业成绩却越来越差。经过一番利弊权衡，他最终置学业而不顾，除了古代历史，别的科目他都放弃了，他将自己的时间、精力几乎都投到《学生》杂志上。为了拉来广告赞助，他想尽了办法，付出了很多努力。

终于，他收到了一张 250 英镑的支票。尽管数额不大，但毕竟是一份广告订单。而且，一位著名漫画家也同意为《学生》杂志画卡通图并接受采访。

1967 年，布兰森 17 岁了。也正是在这一年，他离开了斯托学校。在离开前，斯托学校的校长赠予了布兰森一句意味深长的话："恭喜你，小伙子！我猜想，未来的你，不是被送进监狱，就是成为百万富翁！"

若干年后，布兰森超出了校长的期望，成为一名亿万富翁。从创办《学生》开始，他就迈向了新的旅程。尽管其中有许多波折，但最终他还是登上了成功的殿堂。

理查德·布兰森敢于挑战传统，勇于追求自己想要的东西，即使失去一些在大多数人眼里很重要的东西，也在所不惜。所以他最终实现了自己的理想，获得了自己的成功。如果从一开始大家就知道这样做，成功的概率会更大，只是又会有多少人敢于像布兰森那样去做呢？

很多人之所以能够取得成功，并不是因为他们拥有比别人高得多的智商，也不是因为他们比别人拥有更大的幸运，而是由于他们懂得拼搏。他们的内心燃烧着渴望成功的火焰，他们能够将每一个可能成功的机会抓在手中，然后竭尽全力地努力奋斗着，为此他们愿意挑战不合理的规则，为此他们敢于放弃很多不利于他们成功的东西，最终，他们都为自己拼搏出了一个美好的未来。

长期奋斗，即使是"咸鱼"也有"翻身"之日

在自己懈怠或者失去信心的时候，告诫并鼓励自己再坚持一会儿，哪怕是一分钟，甚至几秒钟也好。因为时机就像是彗星的尾巴，它出现的时间只在一瞬间，只有坚持不懈地守候，才可以看到它的出现。

当你累了的时候，感觉自己快要崩溃的时候，不妨告诉自己：想要做一条翻身的咸鱼就必须要继续坚持，因为只有坚持才可以换回胜利。人的一生，不可能没有一点风浪，面对坎坷，面对挫折，我们不应该被打倒，也不应该轻言放弃，唯有坚持，才能取得最后的成功。

有一天，苏格拉底对他的学生说："现在，我们只学一件事情，这件事情不仅很简单，而且也很容易做到。每一个人先尽可能地将手臂向前伸，然后再使劲地向后甩。"苏格拉底为众人亲自示范了一遍，然后对学生们说："好了！就这样，从现在起，每一个人每天必须做 300 下，大家有信心做到吗？"学生们都觉得这只不过是一件再简单不过的事情，肯定能够做到。于是，他们不约而同地表示"可以做到"。

一个月后，苏格拉底询问他的学生："之前，我要求你们每一个人每天甩 300 下手，你们中做到的人请举手。"结果，有 90% 的学生都将手举了起来，与此同时，还高兴地为自己进行欢呼。两个月后，苏格拉底再次询问自己的学生，结果，只有 50% 的学生坚持了下来。一年之后，苏格拉底又一次问自己的学生："你们当中，

有多少人还在坚持一年前要求你们每天做的甩手运动？"有些同学基本上已经将这件事情忘记了，有些人也惭愧地低下了头。但在这个时候却有一个人站起来说他还在坚持，这个人的名字叫柏拉图。

与其他同学相比，柏拉图并没有什么突出的能力，只是不管做什么事情，都会坚持做下去，努力地让自己做到最好。所以最后，柏拉图也成了古希腊非常著名的哲学家。

为自己设立一个人生梦想，其实是一件很简单的事情，任何人都可以做到。但能不能坚持下去却很难说。我们很容易因为短暂的激情而对生活充满期待与信心，并且为之奋斗努力。但是随着时光的消逝，激情也会慢慢减弱，直到消失。日常繁忙的工作，逐渐将我们曾经的坚持和追求驱散，而生活也会因为逐渐习惯平淡而归于平庸。因此，很多时候，我们缺的其实就是意志力和一种坚持。只有透过意志力来激发我们行动的勇气，用坚持来坚定我们的决心，生活才会循着我们设想的轨迹而发展。坚持不应该是因 3 分钟的热情而突发的举动，它需要我们拥有一个坚定的信念。这个信念能够让你在长时间内去重复地做一些事情，能够在你出现懈怠或者失去信心的时候，告诫并鼓励自己继续坚持。

要做到坚持确实很难，但俗话说："努力过了就不会后悔。"时机就像是彗星的尾巴，它出现在一瞬间，只有坚定不移地守候，才可以看到它美丽的光芒。

无论结果是什么样的，至少我们已经尽力尝试了，该坚持的坚持了，该努力的努力了，这样我们的人生也就会减少许多的遗憾。其实，要做到坚持是有诀窍的，我们可以看看以下的几个小窍门。

1. 学会心理暗示，培养足够的耐心

容易急躁的人很难坚持一件事情，因为坚持这件事很考验人的耐心，而性情急躁的人最缺的就是耐心。然而，无论是容易急躁的人还是不容易急躁的人，如果不满足于现状想要改变自己，让自己过上更好的生活，拥有更好的未来，就一定要让自己养成坚持的习惯，培养起足够的耐心。任何成功都不会一蹴而就，必定会经历一段坚持的过程。这个过程有时候会非常难熬，需要你有足够的耐心。在这个过程中如果你实在坚持不下去了，怎么办？学会自我催眠，在心理上将坚持的时间压缩，把漫长的时间想象成是一瞬间或者几分钟，如此，在你坚持的时候，就好受得多。

2. 清楚知道自己为什么要坚持

坚持，这件事说起来很容易，做起来却一点儿也不容易。君不见，世上拥有梦想的人非常非常多，但梦想成真的又有几人？君不见，世上想要功成名就的人比比皆是，但真正成功了的又有几人？究其原因，其中一个必定是能不能坚持到底。能坚持到底的，往往能成为伟大的"胜利者"，最大的赢家。坚持不下去的，就只能一无所获，让梦想变成空想，让成功变得遥不可及。如果你一定要梦想成真，一定要功成名就，就请你从一开始就明确自己的人生目标，清楚地知道自己为什么要坚持。只有这样，你才能真的坚持到底，永不放弃。

3. 视坚持为成功路上的一种必经的考验

我们每个人在人生路上都会经历各种各样的考验。为了学会生存的本领，我们经历了一系列的考验；为了拥有更加美好的生活，我们又主动地去经历更多更艰难的考验。坚持，就是我们在追求更加美好的生活的路上的一种必经的考验。当你能把坚持看成是一种必须经历的考验时，你就更容易坚持下去，坚持到底，永不放弃。事实上，坚持确实能磨炼我们的身心，帮助我们锤炼出坚毅的性格。所以，请认真对待坚持这项人生考验。

纵观许多"咸鱼"翻身的名人事迹，他们最终之所以能够成功，哪一个不是经过长期地奋斗，在坚持不懈的努力中实现自己的人生价值的？坚持并不是什么惊天动地的行为，相反，它存在于平淡中、重复中，是烦琐的、枯燥的。只有在平凡生活中不断坚持下去，才能产生奇迹，造就非凡的人生。

别人可以拼爸妈，我们可以拼本事

> 有的人"含着金钥匙"长大，可那些财富也是祖辈们历尽
> 千辛万苦获得的，如若不懂得经营，只会让财富流失，所谓"富
> 不过三代"说的就是这个道理。

将那些"上天对你不公"的包袱放下来，专注于做好自己，培养自己的本事，才能在这个世界立足，得到真正的成长与发展，不要让"没有依靠就没有成功"的局限，限制了你的行动，埋没了你的梦想。

时下有一句很流行的话是这样说的：今天的社会，学习好不如长得好，长得好不如嫁得好，嫁得好不如有个好老爸。

近年来，各种匪夷所思的依仗"家庭背景"横行霸道的新闻报道，让我们发现"拼爹"行为越来越多。这给很多没钱没势的家庭带来了不少困扰，有些人在报考公务员时，一次又一次见识到了"官二代"的优势，然后认为自己在面试的时候没有"关系"，觉得自己不可能脱颖而出，所以望而却步；有些怀揣艺术梦想者希望自己在艺术之路上有一番成就，却在一次又一次见识到了"星二代"的春风得意后，再也鼓不起勇气；有些想通过自己的奋斗去创造财富的人，却在一次又一次见识到自己与"富二代"的差距后，怀疑自己努力的价值。

于是，有人消极地说，想做官我们拼不过"官二代"，想创业我们拼不过"富二代"，想出名我们拼不过"星二代"，这个社会，没钱没势的我们得拼什么？

当然是拼本事！诚然，有个当官的爹、有个有钱的爸，会有更优越的教育条

件和得到更多成功的机会，但是如若自身不努力，不会利用机会锻炼自己的本事，即使有个好爸爸又能怎样？

没有人生来就富，所有的财富都是从无到有的。有的人"含着金钥匙"长大，可那些财富也是祖辈们历尽千辛万苦获得的，如若不懂得经营，只会让财富流失，所谓"富不过三代"说的也就是这个道理。有的人在平凡中成长，但只要自己努力，有了创造财富的资本，自然也能获得财富。在我们身边，有无数白手起家最后变成千万富翁的实例，何境晶就是其中由平凡到不平凡的一个。

何境晶是淘宝网店的一个店长，他利用阿里巴巴创造的淘宝网购平台，在五年的时间里，运用自己设计的"眼袋自制"，从最初的几千元家产变成了一个资产达到8000万的千万富翁。

淘宝网创立于2003年，创始人是马云。经过马云及其团队的运营，如今淘宝网已经成为一座拥有300万C2C卖家的高速孵化器、一个真正引领电子商务发展的大平台。2008年，何境晶正式进驻淘宝商家，当时淘宝正实施"三年免费"策略，门槛非常低，何境晶等于是零成本拥有了这样一家新兴网店。

对于2008年时期的淘宝网，何境晶给了其一个"蛮荒时代"的戏称，因为当时的淘宝网的架构很简单，不像现在，货品陈列十分丰富，排序功能十分强大。

据他回忆，当初是女朋友偶尔在网上贩卖一些二手闲置用品，而他的专业是服装设计，他有自己的全职工作。直到他的一个韩国朋友要他帮忙推销一批库存，他们才开始考虑利用淘宝。

不过，淘宝的工作并未成为何境晶的工作重心，因为每天所卖的东西非常有限，每样东西只能赚到一两元钱，但是每个月可以升一个信用钻，很好地积攒了网店的信用度。

转机来自于何境晶参加的一个以"卫衣"为主题的平台活动，让他们一下子卖了300多件衣服，他不得不请假回家帮忙。

从那以后，何境晶就很留意各种活动，积极参加。大半年的时间，小店的营业成交数额达到了3000笔，他和女友租下的小屋已经无法容纳货物，只能搬家换到更大的地方。2009年6月，何境晶正式辞掉了服装设计的工作，专门开起了淘宝店，找了一个 105 平方米的工作室，雇了 3 名员工，他将这称为"铁器时代"。

当时所卖的物品，是何境晶自己试着设计的，其中一种"眼袋自制"的产品卖得很好，成了他发家致富的法宝。

也因此，何境晶直接把自己的小店改名为了"眼袋自制"，并配以全新的店名 LOGO。改名的这一天，何境晶终生难忘——2010 年 4 月 17 日。而这一天的销售业绩也非常好，平时店里的销售额都是三五万元，这一天涨到了 12 万元！几年后，他成了千万富翁。

这是一个真实的故事，它告诉我们，机会是依靠自己发现的，财富是依靠自己创造的，成功是依靠自己闯来的。

也许你也在感叹房子太贵，买不起；爱情价太高，爱不起；仕途路太难，走不起；创业路太长，熬不起。可是，央视名嘴白岩松说过这么一句话："没有一代人的青春是容易的，每代人都有自己的宿命、挣扎和奋斗。"当年，他独自来到北京，不认识任何人也没有任何关系，且在几十年的职业生涯中，从没有为自己的岗位送过一次礼，全凭自己的本事获得了今天成就。这鼓励了大多数没钱没势的人，不要失去对梦想的追求。

这一代人有什么不好呢？可以通过互联网来揭露现实中的不公平，可以通过高考进入高等学府学习，通过"国考""省考"来成为公务员，可以通过大型选秀节目去展示自己……所以，不要再抱怨了，那只是在浪费时间，浪费生命，摆脱"没钱没势，人生必定平凡"的局限思维，时刻谨记：拼什么都不如拼自己！

积极：

用向上的力量，唤醒你奋斗的心

把委屈转变为努力

　　唯有那些不觉得自己委屈、不随意抱怨、善动脑筋、勇往直前之人，才能如愿以偿地登上成功之巅。

　　人生犹如一场戏，不管你所扮演的角色是什么，若想成为令人瞩目的主角，就不能总觉得自己委屈，继而不断地发牢骚、抱怨。唯有努力地将自己的角色扮演好，做好自己，你才能如愿以偿，成就自己。

　　在演艺圈有一句话很有名："没有小角色，只有小演员。"通常，无论是在一部电影、一部电视剧、一台话剧或者一部歌剧里，往往都会有主角和配角。主角肯定是其中的重点，负责演绎好主题，所以会拥有最多的剧情地位、出镜时间（或出场时间）、对白台词等。相较于主角，配角往往在剧情地位上会低一些，在出镜（出场）时间甚至对白台词等方面都会少很多。然而，这不能说配角不重要，事实上正好相反，如果没有配角们的出色配合，主角演技再好也很难撑得起一部戏！如果配角们个个都演技爆棚、配合精彩，那么这部戏一定会被演绎得极为精彩，然后在观众里获得巨大反响，甚至成为经典。

　　安娜是英国一个小镇上的一所学校的学生。这一天，学校宣布，为了给某募捐活动出一份力，学校决定公演一出话剧。剧中的每个角色的扮演者，都从学生报名者里挑选。同学们马上踊跃报名。安娜也第一时间报了名，她最想出演的是话剧里"女儿"这一角色，这是这部话剧的女主角。没想到，剧组最后给她安排的居然是剧里面的"小狗"这一角色！

感到既委屈又沮丧的安娜，回到家里依然很不开心。在吃晚饭时，她仿佛看什么都不顺眼，一会儿说牛排的味道太淡了，一会儿说面包片不够新鲜，一会儿又说蘑菇汤很不好喝……一家人的胃口就这样被她搞得都不好了。好不容易吃完晚饭，安娜还在生闷气，她爸爸便和她在书房里单独聊了很久。

家里其他人都不知道这父女俩聊了什么，只看到安娜第二天早上开开心心地上学去了。到学校后，她也没有再抱怨剧组没安排她演她最想演的角色。为了演好"小狗"这个角色，她去买了一双护膝，开始认真地排练了起来。

终于，话剧正式上演的时间到了。这一天，安娜的父母都坐在台下，当起了观众。在话剧上演过程中，只见安娜由始至终都穿着一套毛茸茸的道具服，手脚并用地在台上爬来爬去。她扮演的小狗虽然在整个过程中没有一句台词，但由于她表演得很生动很传神，用可爱的动作和生动的形象，吸引住了全场观众的眼球，博得了观众们一次又一次热烈的掌声与喝彩。

为什么安娜的心态在跟爸爸聊天后会有如此大的转变呢？安娜说，是爸爸的一句话让她的心态发生了巨大转变。这句话的内容是："安娜，忘掉委屈与不公平吧，要是你能用演好主角的态度去演好一只小狗，那么小狗也一定会成为主角。"

社会犹如一座大舞台，每个人都在上面扮演着一个角色，有人演的是主角，吸引了很多眼球，获得了很多鲜花与掌声；更多的人演的是配角，获得的鲜花和掌声很少甚至没有，有不少人干脆就是一辈子都默默无闻。当命运安排我们扮演什么角色时，假如我们努力过了依然改变不了，那么我们也不要觉得太委屈，不要过于抱怨命运的不公。切记，无论我们扮演什么角色，无论是主角还是配角，我们都可以尽自己最大的努力，把自己的角色演绎得尽可能出色。

然而，环顾我们身边甚至包括我们自己，很多人都对自己在生活中扮演的角色很不满意，总是怨天尤人，摆出一副受尽了委屈的样子。在生活中，总有这样一些人，当感觉自己遭受到了命运的不公正对待后，他们就会沮丧地发出类似于这样的牢骚："我还能有什么追求啊？混日子呗。""公司里能力出色实力强大的同事一大堆，我怎么可能有出头之日啊？我再怎么努力也不可能被领导重用吧？"

于是乎，他们在生活中浑浑噩噩，在工作中得过且过。最终，生活过得不太如意，还常常焦虑迷茫；事业上则庸庸碌碌，一事无成。

其实，无论你被命运安排在了哪里，让你扮演什么样的角色，你都可以掌握主动权，让自己在命运安排的位置上做最好的自己。当你把角色演绎得非常出色时，即使你不是主角，也照样能获得跟主角一样的鲜花和掌声！认真对待你当下的角色吧，持之以恒地做好当下，成功终会降临到你身上，幸福一定会和你不期而遇。

在美国历史上，能够被授予五星上将的军人有 10 位；然而，既被授予了五星上将又当上了美国总统的，只有一位，他叫德怀特·艾森豪威尔。

这样一位传奇人物，其实出身很低微，他的父母都是很普通的老百姓。然而，他参军以后，晋升速度堪称美军史上"第一快"。成为美国总统后，他又成功连任了。有些人可能要问，平民出身的德怀特·艾森豪威尔为什么能取得如此大的成就？下面这个发生在他身上的小故事，或许能让我们寻找到些许原因。

话说艾森豪威尔少年时代的一天晚上，一家人在吃过晚饭之后，便聚在一起打牌消遣。那个晚上，小艾森豪威尔的运气似乎很不好，连续拿到了好几把烂牌，结果就输了好几局。他很不开心，等再次抽到了一把烂牌时，他开始喋喋不休地怨天尤人。这时，母亲批评他说："即使你的牌再烂，也先把这一局打完！其实人生也是这个道理，无论你抽到好牌还是烂牌，你都不要总是怨天尤人，总是发牢骚说老天爷不公平。虽然我们无法决定自己抽到好牌还是烂牌，但我们能让自己尽力打好每一张牌，以求获得最好的结果。"小艾森豪威尔把母亲的话牢记在了脑海里，一辈子都不曾忘记。更重要的是，他经常用母亲的这些话来指导自己的生活与工作。在往后的岁月里，艾森豪威尔无论遇到再大的困境，也没有再去怨天尤人。他总是积极地面对一切困难，想方设法地解决问题，尽力做好每一件自己应该做的事。

我们生存在这个世界上，其实有很多事情是我们无法选择的，比如出身，我们无法选择亲生父母，无法选择自己的人种；比如容貌，我们无法选择天生就长什么样子，虽然我们可以通过整容技术把自己整成自己想要的模样。幸而，有很多事情是可以改变的，只要我们肯努力，只要我们想尽办法。因此，无论我们的人生中抽到多么烂的牌，也请不要感到满腹委屈，不要怨天尤人，而应该积极面对不幸，解决困难，专注于自己最想达成的目标，努力成为自己最想成为的人，追求自己最想过的生活。

压力大，很可能是你的心态不好

人们应该在造成重大心理压力以及恶劣情绪的因素出现之前，就将它识别出来，然后通过合适的方法将其制止。

在现代社会中，人们几乎对生活都有这样一种感觉：压力太大了！忙碌的工作、微薄的工资、永远在涨的房价……压力就像一座座大山，压在了每一个人的心上；压力就像紧绷的弦，让每一个人的神经都难以放松；压力更像一个滚动的巨轮，在后面追着人跑。难道现代人的压力真的如此之大吗？其实，与其说压力大，还不如说自己心态不好。心态好的人能将压力转化为有效的动力。

1998年，已过不惑之年的赵先生带着1万多块钱和自己的梦想只身来到北京。最初，他只经营了一个小得不能再小的餐馆，小屋只有几平方米大，几张桌子和几把凳子是他全部的家当。而经过一番闯荡后，赵先生现在已经在北京拥有了数十家大型餐饮店、一个食品加工厂、一家物流公司和一所厨师培训学校，并在全国建立了多家连锁加盟店，个人资产接近亿元。成功的光环包围着赵先生，当人们问起他成功的秘诀时，他说："每一个人的梦想有多大，他的事业就有多大。我每天都顶着巨大的压力工作，所以我不得不成功。"

"保持良好的心态，采用积极的行动，将压力转化为动力，从而将危机转化为转机。"这是很多成功者从困难与挫折中总结出来的技巧。

陈鹏是某知名保险公司的一名业务员。他一直希望自己能成为优秀的推销员，创造令人羡慕的销售业绩。

北方凛冽的寒风呼呼地刮着，陈鹏仍然在沿着大街拜访客户，但是，他的运气真的很不好，所有的客户都拒绝见他。

陈鹏的心情郁闷极了，这天晚上回到自己的家中，他什么都吃不下，顺手拿起一张报纸看了起来。他偶然间在副刊看见了一篇文章，名字叫作《化不满为灵感》。这篇文章的作者教导读者怎样利用积极的态度来实现梦想。这篇文章引起了陈鹏的兴趣，他反复认真地阅读，并领悟到了一个道理：唯有积极的心态才可以救自己。于是，他默默地告诫自己："明天，我还要再去对今天的那些客户进行拜访，我必须再试试！"

或许那篇文章中的秘诀确实有效。第二天，他再次来到前一天来过的那个地区，并且对那里的客户逐一拜访，最终居然签下了 16 份新的意外保险单。

对生活抱有积极态度的人，其内心必然充满了活力，不会轻易地被压力打倒，被困难吓跑。即便是突然出现了狂风暴雨，他也会觉得是上天对他的考验；即便再难的处境，他也不会感到绝望，反而会微笑着面对，冷静地思考，然后采取正确的方案予以应对。

当你感觉到压力时，也可以采取科学的方式进行减压，适时地调整自己的心态。现在，我们就介绍几种有效的减压方法。

1. 认知疗法

通常来说，认知疗法包括 3 条原则。

（1）你的一切心境都是因为你的思想，或者说是因为你的"认识"而形成的，你会有如今这样那样感觉的原因，就是因为你大脑中此时此刻的想法而导致的。

（2）当你感到非常郁闷、压力十分大的时候，主要是因为有一种无孔不入的消极情绪占领了你的头脑。这个时候，在你的眼中，整个世界看起来都是灰蒙蒙的。更加糟糕的是，面对挫折和打击，你慢慢地就会认为，自己真的是一无是处。

（3）这种消极的思想经常会让你扭曲真实的情况，造成对事实认识的严重失真。同时，这也是导致你压力与痛苦的主要来源。如果你能够将这些消极思想从你的头脑中驱逐出去，勇敢地去面对问题并解决问题，那么你也就不会再感觉那么难过了。

　　实际上，这3条原则传达了一个真实的现象：许多压力与痛苦都是由于人们自己的心理错觉影响而造成的。换句话说，很多压力与痛苦都是人们自己虚构的。所以，人们应该在造成重大心理压力以及恶劣情绪的因素出现之前，就将它识别出来，然后通过合适的方法将其制止。

　　在现实生活中，没有一种固定的模式，能够百分之百地保证你不受压力的侵扰。但是，却真的有一些十分有效的方法帮助你缓解压力。

　　（1）对于自己做的所有事情，不要过分地期待他人的赞赏。我们应当明白，赞赏是生活赐予你的礼物，却不是你生活的主要组成部分。倘若过度在意别人的期待与赞赏，那么往往会让你很难正确地面对挫折与压力。

　　（2）对于他人对你的否定评价，你也不需要太在意。因为没有人是完美的，有赞美的声音，就一定有批评的声音，你只要做好自己就可以了，不要因为一个小小的否定而产生过大的压力。

　　（3）做事情要有所条理，不要将事情都拖到最后才去做，也不要着急忙慌地非要将事情在一天内全部完成。制订一个计划，做到有条有理，这样既能按时完成任务，还能缓解压力。

　　（4）当你感到有压力的时候，可以出去散散步，这样可以让自己放松一下，从而帮助自己恢复对事物的敏锐洞察能力。

　　（5）不要养成每天晚上都将任务带回家的习惯，要尽可能地避免长时间地学习与工作，只有劳逸结合，才有助于健康。不要轻易工作到深夜，养成良好的作息习惯。

　　（6）当自己感觉压力很大的时候，你可以去逛街购物，将那些平时自己想买的东西买回家。

　　（7）你应该学会授权，将自己的工作与责任分给那些有能力的人，让他们与你一起承担。

　　（8）允许自己偶尔犯个错误或者在对某件事情进行判断的时候出现失误。你应该果断地放弃那种不是黑就是白、不是对就是错、不是好就是坏的思考方式。要知道，做一件事情的时候可以采用很多的方法。也许你所犯的错误还可以帮助你发现一种解决问题的新方法。

（9）当问题已经出现了之后，与其一味地去追究这到底是谁的责任，还不如将重点放在对出现失误的原因进行分析以及如何解决问题上。所以，这个时候，我们应该做的是集中精力将这个问题解决，然后记住这个教训，以防止以后再出现类似的问题。

（10）倘若某些人或者某种环境逼迫着你做自己不愿意做的事情，那么，你最为明智的选择就是，想方设法地避开那些人或者那种特定的环境。

2. 保证睡眠的质量

一直以来，睡眠质量的好坏都是评定身心健康的最好指标。如果晚上睡不好，那么就表示"放不下"，心中存在许多"杂念"；反过来也是一样的，良好的睡眠，表示你身心轻松。那么，我们应当怎样做才能将杂念放下来，继而安然地入睡呢？其实，你不妨试着晚上早点睡觉，而且还要像吃饭一样"定时定量"，使得每天"睡觉"与"醒来"的时间变得固定化、规律化。为了更好地入眠，我们可以在睡前听一会儿优美的轻音乐或者做一套温和的体操。当然，如果你选择在睡前"静坐"以及"冥想"20～30分钟，同样也可以获得放松、平静的效果，而且效果还会很好。

3. 对饮食与体重加以控制

在现实生活中，有的人在压力很大、情绪不佳的时候，经常依靠吃东西来缓解情绪，其结果可能会是越吃越多，到最后患上了"暴食症"。然后又因为不喜欢自己发胖的身材，所以不敢再吃，进而又患上了"厌食症"。诚然，吃东西确实可以帮助我们缓解压力，但是不加节制地吃只会成为一种逃避现实的不理智的做法，会带来无穷的后患。此外，饮食习惯与人的情绪有着很大的关系，如果你吃饭的时候，不定时也不定量，每次都暴饮暴食，而且吃的口味偏向于肉类、油炸、刺激性以及含有咖啡因的食物，那么你的心情就会变得浮躁不安。因此，我们应该对平时的饮食与体重加以控制。

4. 不要太过忙碌

随着社会竞争的步伐不断加快，每天的工作时间很容易就超过8个小时，同时工作还会越做越多，工作时间越来越长。在这样的情况下，你就有可能成为"工作狂"，甚至因为这样而"过劳死"。你应当明白，凡事过犹不及，一旦勤奋超出了度，就会危害你的身体健康。因此，在快节奏的生活中，我们应当学会将脚步放慢，从而让你的心情放松下来。你不要总是以百米赛跑的速度在生活中冲刺，而应当用跑长途马拉松的方式进行生活。过于忙碌会造成茫然和盲目，所以，我们应该清醒地掌握自己的人生。换句话说，我们不要再"瞎忙"下去，应该"闲下来"，合理地进行生活的安排。

有些公司为什么不愿意给新人机会

没有人不给你机会，而是你本身从未想过怎样通过实践的
方式来对这个机会进行把握。

很多应届毕业生在找工作时，会容易漫无目的地投撒简历，尤其是如今互联
网如此发达，大家更是认为，只要"广撒网"就总能"捕到鱼"。只是，理想很美好，
现实很残酷。很多毕业生在互联网上投了很多简历，却依然没有多少收获，即使
偶尔有被通知去面试的，最终能成功入职的也不多。

每到毕业季，小川叔就会接到很多诉苦的来信。他曾在某大学里办过分享会。
会后，他还为在场的大学生做了一次实习机会推荐面试，目的是想让大家感受一
下企事业单位在面试应聘者时是如何进行的。有了这样的经验后，待参加真正的
面试时，同学们就不会太紧张了。

很多在场的应届毕业生都体验了一番这一类似于面试指导的面试。在这一过
程中，小川叔总结了大家共有的很多小问题。其中一个最常见的问题就是，很多
面试者对要面试的岗位的职责与要求都还没搞清楚，就带着一腔的热情来了。例
如，有人应聘广告公司"文案"这个职位，很多人连"文案"具体要做什么都不
清楚，只是想当然地认为，会写字就能胜任文案工作。也有些人认为，自己经常
写博客，所以干文案工作肯定没问题。但事实上并非如此！有热情当然是好事，
但对岗位的要求都没有最起码的了解，面试又怎么可能成功呢？

每家企业在招聘新人上，衡量标准都会有一些与众不同之处。应届毕业生最

大的不足是缺乏经验和资历，所以用人单位往往会把面试的重点放在应聘者的专业与实习履历上。如果应聘者所学的专业与其应聘的行业、岗位并不对口，但拥有对口的实习经验，并且在实习中已经表现出来很适合干这份工作，那么这位应聘者受到聘用的可能性会比那些专业既不对口、实习经验也缺乏、发展潜力也不高的新人要高很多。

这就提醒了正在大学就读的学生们，一定要学会未雨绸缪，在大学期间，就要开始规划自己的职业生涯，并且在业余时间寻找相应行业去实习，多积累点有用的经验。在大学里，学生们一想到去做兼职，往往不是选择去做家教，就是去做促销员，因为这样的兼职工作在大学里最常见。然而，如果你毕业后不是去做老师或者销售，真的没必要去做家教或者促销员。

有个女生正在上大学二年级，专业是食品质量与安全。对这个专业越了解，她却越发现自己并不喜欢也不适合毕业后去从事这个领域的工作。在课余时间以及寒暑假里，她都会想方设法寻找各种实习的机会，最终她很幸运地发现了自己毕业后很喜欢而且也能胜任的工作：新媒体与公关。确定了未来就业的方向后，她更加积极主动地寻找实习的机会了。刚开始时，她获得的实习机会是，为大学社团内部运营微博与微信订阅号，后来，她把积累实习经验的机会发展到了校园外面。她的做法很对，她在大学毕业前，就一定会积累起丰富的新媒体运营方面的经验，待她应届毕业去找工作时，一定会比绝大多数竞争相同职位的人更有优势。

对于大多数应届毕业生和职场新人来说，不但很容易犯"想得太美""对岗位要求和标准不了解"等错误，还容易犯在面试前做的准备工作过少的错，结果让自己在面试过程中对面试官提出的一些重要问题无法回答，甚至有些人还因此紧张过度，手足无措。

例如，有应聘者去一家广告公司面试。面试官问他："你为什么选择应聘我们公司？"应聘者很可能回答的是："因为我很喜欢广告这个行业，贵公司在广告行业里很有影响力。"然后，面试官又问："请你谈一谈你最喜欢的 3 家广告公司。"这时候，如果应聘者的回答迟迟疑疑，说话变得结结巴巴，最后顾左右而言他，这样的表现，就是没有做好充分准备就去面试了。

如果你在面试前没有做足功课，对你准备进入的行业不太了解，对你应聘的用人单位了解不多，对你要应聘的岗位也不怎么熟悉，试想，如果你是面试官，会对这样的应聘者产生什么样的印象呢？

没有工作经验，以后还可以积累；对本行业很喜欢，对要应聘的用人单位印象很好，这是最起码的要求。但如果不能为面试做足功课，就肯定会给面试官一种不重视这次面试、不重视该用人单位甚至不重视这份工作的印象。

去面试时，还有一件事特别重要，就是一定要表现出你的热情。因为对于职场新人来说，没有求职的热情，就很难求职成功。

毫不自信、表情冷淡、情绪不佳、语言消极负面等，都是缺乏热情的典型表现。还有那种抱着"试一试，碰一碰，没准儿能通过面试呢"心态的表现，也是缺乏热情的表现。对于这样心态的人，用人单位的面试官一般都不会喜欢。有时候，为什么用人单位不愿意给新人一次尝试的机会呢？为什么不能让新人进来实习一下，考察一下呢？因为用人单位不想当新人的试验场。因此，即使你对面试是否能成功心里很没底，也一定要尽量表现得积极一点，热情一些，想方设法把自己最好的一面展现出来给面试官看。

总之，作为一个职场新人，一个应届毕业生，千万不要把一无所知当成理所当然，一定要让自己多知道一点应该知道的东西。正因为自己还是一个新人，所以更应该深入了解你要进入的行业，多知道一些你想要进入的企业的事情，多为你要去应聘的职位做准备。切记，这些都是必做的功课。只要你做好了准备，就一定会有用人单位给你展示才华与能力的机会！

巨大的力量源于心中的希望

只有心怀希望，无论遇到怎样的困难与挫折，你才能够积极乐观地面对，英勇无畏地前行，从而走出泥淖，走向光明。

众所周知，英特尔公司的总裁——安迪·葛鲁夫曾经在美国《时代》周刊中具有巨大影响力。20世纪70年代，他在半导体产业上创造了神话。不少人都只知道他是美国的一个大富豪，却不清楚他的人生当中也有鲜为人知的苦难经历，是什么带他走过那段灰暗岁月的呢？

因为家里很穷，安迪·葛鲁夫小时候总是缺衣少食，忍受来自他人的藐视，这让他吃尽了苦头。于是，他暗暗地发誓：将来一定要出人头地，因此，与同龄人相比，他就显得十分成熟，十分老练。

在他还是学生的时候，就表现出了很出色的商业才能。他从市场上买来各种各样的半导体零件，将这些零件组装之后，以一个较低的价格卖给自己的同学，从而赚取一定的手续费。因为与原装的半导体相比，他组装的半导体在价格方面要便宜很多，但在质量方面却与原装的半导体差不多，所以同学们都喜欢在他这里购买半导体。再加上他的学习成绩一直也非常好，因此，老师们都很喜欢这个聪明的学生。

但是谁也没有想到，安迪·葛鲁夫竟然是一个不太能经受失败，容易丧失希望的人。可能是贫困的家境对他影响很大，遇到事情时，他总是喜欢走极端，这在他之后的经商之路上能够很明显地表现出来。

因为各种原因，安迪·葛鲁夫先后经历了三次破产。一个黄昏时分，他独自在家乡的河边散步，想到很早就离开人世的父母，想到了自己辛辛苦苦创办的基业一次又一次地破产，他的内心沮丧极了。最后，异常伤心的他在狠狠地大哭了一场之后，呆呆地望着滔滔的河水。他想倘若他从这里跳下去的话，那么用不了多久就能够解脱了，世间所有的烦恼就都和他没有任何关系了。

忽然，安迪·葛鲁夫看到对岸走过来一个看起来十分憨厚的青年。只见那个青年背着一个不是很大的鱼篓，嘴里哼着歌走了过来，他就是拉里·穆尔。

安迪·葛鲁夫受到拉里·穆尔的欢乐情绪感染，心情不再那么抑郁了，就问他："先生，你今天抓到了许多鱼吗？"拉里·穆尔却笑着回答："没有啊，我今天一条鱼也没有抓到。"

拉里·穆尔一边回答一边放下自己的鱼篓给安迪·葛鲁夫看。果然，他的鱼篓里什么也没有。安迪·葛鲁夫十分疑惑地问他："既然你什么也没有抓到，那么你怎么还这样高兴呢？"

拉里·穆尔轻声笑着回答："我捕鱼并不完全是为了赚钱，而是为了享受捕鱼的整个过程，难道你没有发现被晚霞渲染过的河水比平常的时候更美丽吗？"

一句话犹如醍醐灌顶，让安迪·葛鲁夫顿悟：是啊，只要心怀希望，积极乐观地面对生活，那么生活就会变得更加美丽。

于是，在安迪·葛鲁夫的多次央求之下，渔夫拉里·穆尔，这个一点儿都不懂做生意的捕鱼人成了英特尔公司总裁安迪·葛鲁夫的贴身助理。其无论何时都心怀希望的乐观精神，时刻影响着安迪·葛鲁夫。

没多久，英特尔公司好像奇迹似的再一次崛起了，安迪·葛鲁夫也成了美国的大富豪。

希望，让生命之花在泥泞中绽放。只有心怀希望，无论遇到怎样的困难与挫折，你都能够积极乐观地面对，英勇无畏地前行，从而走出泥淖，走向光明。

在学校里，郭老师是一位声望很高的老师。尽管他只有 40 岁左右，却在教学上获得了了不起的成绩，得到了众多学生和家长的肯定与赞扬。因此，学校领导对他非常重视。

但十分不幸的是，郭老师在一次体检中被诊断出得了胃癌。并且，医生还告诉他，他的病情已经十分严重了，可能只有半年的寿命了。

这对于年纪还不大、事业正在上升期的郭老师来说，无疑是一个晴天霹雳，给他的打击不可谓不沉重。

郭老师在心灰意冷之下办理了病退手续，从心爱的学校离开了，打算就这样在自己的家中安安静静地死去。

可是，两个星期过去了，郭老师逐渐也想通了：既然我们只剩下半年左右的寿命了，那么我应该加倍珍惜啊！与其就这样坐在自己的家中等死，还不如将生命的最后时光奉献给自己深深爱着的可爱学生们。于是，郭老师又回到了那个他熟悉又热爱的校园。

与学生们在一起，郭老师的心情调整得很快，他又变回了那个积极乐观的自己。他努力地工作，认真地写着自己的教学心得，想要以此为学生们多做一些贡献。

与此同时，郭老师又重新燃起了对于生命的渴望。他严格遵循医生的指导，坚强地与病魔做着斗争，与死神进行赛跑。

不少学生与家长都被郭老师的精神感动了，也都纷纷利用所有可以利用的条件帮助他寻找治病的办法。就这样，半年的时间很快就过去了，但是死神并没有带走郭老师。随着时光的流逝，转眼间，郭老师已经平安度过了 10 个年头。

人们在感到惊讶的同时，都纷纷向他进行询问："到底是什么让你在与死神的战争中获胜的呢？"

每当这个时候，郭老师总会面带微笑地回答："是心中的希望。每天早上醒来，我都会给自己一个希望，我希望自己能够为孩子们再上一天课，希望自己能够为孩子们再批改一次作业，希望自己能够再写一篇教学心得……直到现在，希望的火花仍在我心中跳跃着。"

希望是人类生命得以存在的根本，一旦失去了希望，人生就会变得十分灰暗。贫穷、疾病、挫折以及失败等可能会把我们推入艰辛困苦的境地，但是只要你的心中还存有希望，那么你的生命就肯定会重新绽放光彩！

机会，完全可以靠自己创造

> 机会并不是等来的，大多数时候是需要自己去发现的，甚
> 至是需要自己去创造的。现成的机会并不多，能够创造机会才
> 能拥有更多的机会。

人们常常会发出这样的感慨：如果我有这样的机会，我一定能做得更好。

许多人喜欢等待属于自己命运的机会，而不是主动去争取，这样的人一定不会成功，所以总是在抱怨命运的不公平。

机会不会主动来到你身边，也没有人会把机会轻易送到你身边，只能靠你自己去争取。要想成就大事，就要：有机会时，牢牢抓住；没有机会时，去创造机会。

在日本的一个偏僻山村里，因为路比较崎岖，这里与陶渊明所说的世外桃源有些相似，似乎与世隔绝了。村里只有几十户人家，这些人就依靠贫瘠的山地过日子，过得非常苦。全村人也都想富裕起来，可是一直都没有找到致富的道路。

有一天，村里来了一位商人，看到村里的这种情况后，他觉得这种落后的状况本身就是一种很可贵的商业资源，于是向村里的长者提供了一条致富计策。这位长者召集全村人开会，对村民们说："现在都什么年代了，外面的世界发展变化成什么样我们都不知道，还过着与原始人差不多的生活，我们感到十分的内疚和痛心！不过，大都市里的人过了很长时间的现代生活了，肯定觉得没意思了。不如我们走回头路，回到原始社会，利用我们的'落后'，吸引城里的人，这是我们赚钱的一个好时机啊。"村民都觉得不错，从此，全村开始模仿原始人生活了。

不久，那位商人就向外界透露他发现了一个"原始人"聚居的小部落，这在社会各界引起了轰动。从此，来这里参观的人成千上万，这么多游客为村民们带来了巨大的财富。一些人抓住时间，在这里修公路，盖宾馆，开饭馆……这里成了一个旅游地，村里人也做起了各种生意，人们的日子终于富裕起来了。

有人说，我就是一个外来打工的，无论如何机遇也不会降临到我的头上。其实不然，机会不会挑选人，只要你能够把握，能够创造，就同样能获得丰厚的利润。江西籍打工妹罗冬香就是一个典型的例子。由于她自己创造了机会，从而被浙江省东阳市非常有名的"朝龙"服饰公司聘为生产技术厂长，每年可以得到60万元的薪水。

1986年，罗冬香因车祸一条腿断成了三截。在住院期间，一个朋友怕她觉得闷，就给她捎来了几本裁剪书。在医院的这段时间，她每天都认真地学习裁剪，剪掉了很多的旧报纸。出院后的罗冬香又回到造纸厂工作，由于腿的原因，领导把她安排到磅房工作。这儿的活儿虽然轻松，但工资也低啊，维持生活比较困难。

这年冬天，乡里来了一位裁缝，办了一个缝纫培训班。罗冬香听说后，就向朋友们借了些钱，与一群小姐妹一起报了名。就在两个月的学习即将结束的时候，罗冬香连夜做出了一件中山装，希望老师能给自己一些指导。

1992年，罗冬香有了人生的又一次飞跃，她应聘到温州"华士"服饰公司。来了这儿没多长时间，她就被调到了设计部工作。同部门的设计人员，都是名牌大学的毕业生。于是她不仅虚心求教，还用工作之余的时间阅读了很多的专业书籍，并且报名参加了中国纺织大学的函授教学，考过了全部课程。她设计的欧式西服进入市场后，立马就成了时装。在几次重大的技术革新中，她的设计方案都被采纳了，因此年底的时候公司嘉奖了她。

1995年10月，罗冬香辞去工作回家养病了。一个月后，罗冬香再来到温州时，正好一家名字叫作"名绅"的服饰企业正在筹办，在朋友的介绍下，罗冬香加盟"名绅"。

在筹建初期，从车间设备的安装到员工的培训都是罗冬香一一落实的。她出色的工作表现老总都看在眼里，于是老总决定把企业交给她管理。一年后，"名绅"

西服居然获得了两项荣誉：一个是国家质量技术监督局一等品，另一个是浙江省消费者协会授予的"消费者质量信得过产品"。

2001 年年初，浙江省东阳市的青年企业家斯朝龙，是东阳市朝龙服饰有限公司总经理，在听说罗冬香的传奇故事后，用 60 万元的酬金来聘请这位打工妹，去他们公司担任生产技术厂长。

由此可见，机会并不是等来的，大多数时候是需要自己去发现的，甚至是需要自己去创造的。现成的机会并不多，能够创造机会才能拥有更多的机会。

提起拿破仑·波拿巴，可以说是无人不知无人不晓。他是法国 18 世纪非常有名的政治家、军事家，是法兰西第一帝国与百日王朝的皇帝。但是，他原来仅仅是一个官职很小的尉级炮兵军官。

1793 年，他被派往前线，参加了攻打土伦的那场战役。当时，面对土伦极其坚固的防守，革命军前线指挥官很是发愁与犯难。这个时候，拿破仑胸有成竹地站了出来，他直接将自己制订的新的作战方案汇报给了特派员萨利切蒂。在特派员为了克敌良策而苦苦思考的时候，看到拿破仑颇具新意的作战方案，萨利切蒂非常满意，并且马上对拿破仑委以重任，让他做了攻城炮兵副指挥，并且将他的军衔提升为少校。

拿破仑上任之后，精心地进行谋划，英勇地进行战斗，将自己的胆识与才华充分地展现了出来，最终拿下了土伦。他也因为这场战役而得到了不小的战功，并且被破格提升为少将旅长。

正是由于拿破仑敢于抓住机会，为自己创造了一个"一战成名"的机会，为他后来掌控实权奠定了坚实的基础。

所以，不管有怎样的境遇，与其抱怨上天不公平，不给你机会，还不如自己去创造机会。而且坐等机会的人，应该调整心态，认识到机会对每个人都是公平的，它需要你去争取，去创造。

行动：

你为自己的梦想付出过什么

年龄从来不是你用心努力的障碍

只要你拥有健康的心态，能够剔除心中晦暗的一面，对生活主动出击，为自己营造一个乐观且快乐的世界，那么年龄就不是个事儿了。

外国媒体曾经报道过一篇文章说，一位叫贝蒂·卡尔曼的 83 岁的瑜伽教练，可以很轻松地完成很多高难度的瑜伽动作，在当地可是一个不老的传奇。当有人询问她保持活力的秘诀时，她说："其实很简单，在我的生命里，根本就不存在'年龄'这个词。"

如今再看看我们周围，有多少人年纪轻轻就开始抱怨"自己老了"，又有多少女子刚过 30 岁便开始埋怨"自己在走人生下坡路"，然后失去了奋斗的勇气。

武则天曾经多次召见禅师入宫，听禅师说法，其中就包括五祖弘忍的弟子慧安和神秀。

慧安禅师是一位颇具传奇色彩的禅师，年纪轻轻时便已经名满天下。隋炀帝时期，为了挖掘大运河，隋炀帝下令四处强征壮丁，大肆苦役，造成大片田地荒芜，百姓流离失所，街头饿殍满地，凄苦不堪。慧安便四处游走，救济四方百姓，受到了百姓们的称颂。

隋炀帝听说后，便想要将其请进宫，可是慧安根本就不理会。为了躲避隋炀帝，慧安只能隐居山林，过起了隐姓埋名的日子。几十年后，唐高宗继位，也派人请慧安出山，担任国师一职。慧安一听，又连夜逃到了嵩山。

慧安逃到嵩山后，便不问荣誉地位，一头拜在了五祖弘忍门下，要知道慧安当时的名气和年龄都远远大于五祖弘忍。然而他却不管不顾，一头拜倒在弘忍面前。他原本想着就这样在寺中安安稳稳地参经念佛，谁知，朝廷似乎没有放过他的打算，一次次地派人来请，扰得寺内不得安宁。

无奈之下，慧安禅师又向朝廷推荐了师弟慧能，并且说禅宗的真正传人就是慧能。到了武则天时期，她三番五次地派人请慧安禅师下山，为自己讲述禅道。慧安禅师拗不过武则天，只好坐上了皇家的轿子，来到了皇宫内。那个时候，慧安禅师已经 120 岁了。

武则天见这慧安禅师仙风道骨，银发飘飘，就好比天宫上的神仙，于是便询问慧安禅师的年龄。慧安禅师答曰：我已经不记得了。武则天不相信：一个人怎么可能会忘记自己的年龄呢？慧安禅师解释道：人从生下来就知道了会有死亡的那一天，就好比一个圆环一样，没有终点，也没有起点。光是记住这年龄又有什么用呢？更何况，心里已经注满了水，中间并没有多余的缝隙，看见那水泡起起伏伏，也都是心中的幻象而已。人，从刚开始的有意识到死亡，一直都是这个样子，还有什么年月可以记得呢？

武则天听了之后心服口服，为了表达对慧安禅师的敬意，她还给慧安禅师行了大礼。

是的，当一个人将年龄排除出自己的生命时，那么时间对他来说，也已经失去了原有的意义，或者这么说，他已经不再受到时间的控制。他不会为了时间的不断流失而伤春悲秋，也不会因为年龄的增长而抱怨烦闷。因为这些人已经忘记了时间，忘记了他们的年龄。

建安二十年正月，刘备因在益州之战中得到了大量的兵员补充，势力大增，因此刘备决定亲自率领部众向曹操汉中地区的防御要地定军山发起进攻。此时的黄忠已经成为刘备大军中的主力，这次战争中他所面临的敌军就是曹军在汉中地区的最高指挥官、曹军大将夏侯渊。

双方激战的过程中，刘备的军队对曹军将领张郃防守的东围地区发动了猛烈的攻势。张郃因为战事不利，向夏侯渊求援，夏侯渊立即从自己驻守的南围阵地上拨出了一半的兵力对张部进行援助。没想到他的这一计划被刘备手下的两位著名谋士法正和黄权识破了。刘备大军立即调整了自己的进攻重点，开始转向夏侯渊的南围。早已蓄势待发的黄忠就在这时候开始大显身手了。

黄忠率领部下金鼓齐鸣、杀声震天，数万大军一齐从走马谷中冲出，向夏侯渊的军队发动了突然袭击。夏侯渊没想到自己会遭到突然袭击，毫无准备，最终被黄忠杀死。

战役结束后，刘备立即封黄忠为征西将军。后来刘备在汉中称王，又封他为后将军，从此，黄忠真正地成了一员名将。

尽管黄忠年轻时可能也有一点儿小名气，但确实是老了之后才出名的，尤其是定军山一战使他扬名天下。他属于一个比较典型的大器晚成的人，不拘泥于年龄，只为未来努力拼搏。

著名影视演员张曼玉的身上总会散发出让人沉迷的气质，这种气质就源于她对生活的态度，源于这种年龄的积淀。她说："我现在每天的状态就是不睡觉，每天都在飞，不保养也不整容，我已经 42 岁了，我便按照 42 岁的状态生活，我能够坦然地面对这个事实，接受我这个年龄。"

是的，十几岁有十几岁的天真烂漫，二十几岁有二十几岁的活力四射，三十几岁有三十几岁的动人妖媚，四十几岁有四十几岁的从容优雅，五十几岁则有五十几岁的安详睿智。所以说，不要让自己沉浸在对年龄的恐惧中，因为你还有很多事情要做，年龄并不是最主要的问题。

只要你拥有健康的心态，能够去除心中晦暗的一面，对生活主动出击，为自己营造一个乐观和快乐的世界，那么年龄就不是个事儿了。就像英国著名哲学家罗素说的那样："我的时间并不多，我有很多事情要做，哪有时间去关注自己的年龄呢？"

有学者曾经说过，人们不知道，忘记年龄会让自己变得更年轻。要知道，年龄只是生命中其中一个刻度，对人生起不了任何决定性作用。不论你想不想它，怨不怨它，它都在哪里，每年按照一刻度的速度增长，与其为它时时忧愁，还不如将其抛在一边，让自己过得开心一点。

你为了实现梦想做过些什么

只要你心怀梦想，就算这个梦想不能立即实现，它仍然具
备自己的价值，因为这梦想可以帮助你照亮当下的机会，并且
这些机会极有可能是别人没有注意到的。

不管是谁，都有梦想，但并非每个人的梦想都能实现。有个成功人士曾这样说道："成功的诀窍在于心怀梦想，超越自己，一步一步地积累小成就，形成一个良性循环。最终，你的梦想才会实现。"那么，你呢？你为了梦想，做过什么呢？

诺思克利夫勋爵，英国新闻事业家，19 世纪末 20 世纪初英国现代报业奠基人。他曾是伦敦《泰晤士报》的大老板，并被誉为新闻界的"拿破仑"。

在他年轻的时候，初入职场的他，对月薪 80 镑的收入并不满意。然而多年后，当他成为《伦敦晚报》和《每日邮报》的所有者时，他的"胃口"依然没有满足。直至他掌控了《泰晤士报》之后，他才算对自己拥有的有了些许满足。林肯曾经对《泰晤士报》做出过这样的评价："除了密西西比河以外，《泰晤士报》就是全球最强有力的一件东西。"

但是，即便诺思克利夫爵士拥有了《泰晤士报》，他仍然不愿意满足于现状。他要对《泰晤士报》赋予他的权利进行充分的利用："将官僚政府的腐败暴露出来，将几个内阁打倒，对几个内阁总理（亚斯·查尔斯和路易·乔治）进行推翻或者拥护，还要不惜一切代价地对昏庸腐败的政府进行攻击。……因为他这样的努力，使得很多国家机关的办事效率得到了较大的提高，并且在某种程度上还对英国政

府的制度进行了改革。"

对于那些自满的人，诺思克利夫爵士一向都是十分反感的。

有一次，他停在了一个素不相识的助理编辑的办公桌前，并与那个助理编辑进行了交谈："你来这里工作多长时间了？"

"将近 3 个月了。"那个助理回答。

"你感觉如何？你喜欢这份工作吗？对于我们的办事程序，你都熟悉了吗？"

"对于现在的工作，我十分喜欢，也熟悉了一系列办事程序。"

"你如今的薪水是多少？"

"一周 5 英镑。"

"你对现在的状况满意吗？"

"十分满意。"

"啊，可是，你要清楚，我可不愿意自己的职员对一周只拿 5 英镑就十分满足了。"

在这个世界上，有不少人一生都一事无成，究其根本原因就在于他们太容易满足了。这些人往往会找一份相对比较稳定的工作，拿着些许微薄的薪水，每天机械地重复着相同的事情，日复一日，年复一年，直至生命的尽头。而他们居然还会觉得人的一辈子也就能够拥有这么多东西。

当然了，很多时候，不满足也是十分痛苦的。为了避免由于这种不满足而招来的痛苦，不少人十分急切地寻找一个看起来比较舒适的"安乐窝"，目光变得短浅，只能看见眼前的安逸，不愿意承担一丁点儿的压力与责任。

对于大自然其他动物来说，知足可以作为其目标，然而，对一个人而言，千万不要将自己一辈子的追求局限在一个极其狭小的范围内。猪、牛、羊拥有充足的食物与安全的住处，便会心满意足。可是，人却不可以如此，人的目标应该是成就一番事业，而非成为他人成功之路上的垫脚石。

有些人为了躲避不满足给自己带来的痛苦，就将自己的不幸怪到别人头上，或者归咎于环境因素所致。埋怨自己之所以会有不幸的遭遇完全是因为受到了外界环境的束缚。这样逃避现实，不仅不会改变你不幸的遭遇，还会加深你的痛苦。

　　当我们产生了不满足的感觉时，我们应当弄清楚，逃避不是解决问题的方法。要想取得一番成就，就应该在某些方面做出改变——让自己充满正能量。

　　拥有正能量的人对于自身的缺点并不畏惧。他们绝对不会躺在所谓的"安乐窝"中反复咀嚼并回味着自身优点，等待他人向自己投来赞扬的目光，并因为这赞扬而变得沾沾自喜。拥有正能量的人对于他人的奉承话并不是欢喜，他们往往采用批判的态度来对自己进行审视，认真而仔细地比较自己所处的地位与所期待的情况，并且以此来对自己进行激励，激励自己不懈地努力。

　　格斯特所说的"如今的自己永远是有待完善的"这句话就是这个意思。格斯特是一个伟大的诗人，其诗作常常见于各大报纸，深受广大读者的欢迎。他之所以可以获得成功，在很大程度上是源于他经常不满足于当下的自己，总是仰望梦想中的自己。

　　只要你心怀梦想，就算这个梦想不能立即实现，它仍然具备自己的价值，因为这梦想可以帮助你照亮当下的机会。

　　"钢铁大王"安德鲁·卡内基在 15 岁时常常在仅有 7 岁的弟弟——汤姆的面前说起自己对于未来的希望与设想。他说，待他们长大之后，可以组建一个兄弟公司，然后赚大量的钱财，最后为父母购买一辆大大的马车。

　　塞尔弗利曾担任过马歇尔公司的总经理之职，并创立了伦敦最大的百货商店。小时候，在妈妈的带领下，他经常会做一种假想的游戏。母亲经常告诉他："假设你现在已经长大了，从事着一份很普通的工作。有一天下班回家后，你对我说道：'妈妈，我每周的薪水会涨 1 块钱，如今，我们能多存一些钱了。'"

　　"如此一来，两年之后，你就会对我说：'妈妈，我们如今能购买一辆四轮的马车了。'"

　　他们每天都要做这种游戏。在潜移默化的训练的影响下，小塞尔弗利逐渐有了很多梦想。这种"假设"的游戏，帮助他树立了正确的梦想与坚定的信念。这样一来，待机遇降临的那一天，他就如游戏中一样紧紧地将这机遇抓住。

　　"你觉得我会对司机的工作感到满足吗？其实，我真正的目标是铁路公司总经理。"这是一个名叫弗里兰的青年所说的话。但在说这句话时，他甚至还不是一个司机。弗里兰在铁路上已经工作两年了，依旧是一列三等火车上负责管理制动机的工人，每个月的工资只有 40 元。但是，一个老铁路工人所说的一番话对他产生了极大的刺激，才促使弗里兰说出了上述那句话。

那位老工人的原话是这样说的："如今，你已经是一个很棒的制动机工人了，根据我多年来的经验，倘若你再在这个职位上干个 4～5 年，就可能会升职为司机，你每个月的薪水就能够涨到约 100 元。只要你踏踏实实地工作，不犯什么大错误，就不会有被解聘的危险，你就能稳稳当当地做一辈子的司机了。"

弗里兰并不认为拥有一份安稳的工作是一件多了不起的事。他有更大的梦想与抱负。后来，他也真的将他当初所说的话实现了。在他坚持不懈地努力之下，他终于如愿以偿地成了美国大都会电车公司的总经理。

弗里兰之所以可以获得这样的成功，就在于他并没有满足于自己稳定的工作，而是不断地鼓励自己，积极进取，努力地向前发展。最后，他超越了自我，用梦想激发了心中的正能量，最终攀上了梦想的高峰。

因此，如果你想实现自己的梦想，那么请努力、努力、再努力，不断地超越自己吧。唯有如此，你才能收获想要的结果，实现自己的梦想。

每一天都是新的开始

　　生命是有限的，但希望是无限的，让无限的希望充满有限
的生命，我们就能拥有一个生机盎然的人生。

　　生活中常常会发生一些我们意料之外的事，有些意料之外无关紧要，有些意料之外会令我们措手不及，有些意料之外却会将我们打入人生的谷底！不过，无论我们遭遇到了哪一种意料之外，都不要自暴自弃，而应该坚强地活下去，因为只要活着，就有希望。这正如经典电影《乱世佳人》里的一句经典台词说的那样："明天又将是一个崭新的一天。"

　　当你有一天真的不幸被打落到人生的低谷时，不妨看看下面这个故事。这个故事发生在 1942 年的纳粹集中营里。纳粹集中营，对于被关押在里面的人来说，是人间地狱，是世界上最阴森恐怖的地方。在这所集中营里度过 1942 年的人都说，这一年的冬天异常寒冷。这个冬天的某一天，有一个关在监狱里的男孩子无意地往外看了一眼，恰巧看到一个女孩子路过。女孩子走过去后，还不停地回首张望。

　　过了几天，女孩子路过男孩子的监狱时，从铁栏外扔了一个红苹果进去。这是一个能表达她内心情感的红苹果，代表着希望、生命和爱情的红苹果。这个红苹果也重新点燃了男孩子对未来生活的希望。

　　从这一天开始，男孩子就总在期望着能再次见到那位女孩子。其实，女孩子又何尝不想马上见到他呢？第二天，女孩子又路过男孩子所在的监狱了，手上拿着一个新的红苹果。接下来，连续好几天，这两位年轻人都这样"约会"，并用红

苹果传递着心中的浓浓情意。虽然室外寒风凛冽，但二人的心里却是暖暖的。

在有限的交谈时间里，女孩子知道了男孩子所遭遇的悲惨经历。原来，男孩子的家人都被纳粹杀害了，幸免于难的亲戚也联系不到了。每天，男孩子都活在失去亲人的痛苦与绝望之中。直到女孩子的出现，才让他重新找到了活下去的理由。

很快，新的一天又开始了，女孩子又来到了男孩子监狱前面。这一天，男孩子却满脸愁容地女孩子说："从明天开始你不要来了，因为他们要把我送到另一个集中营去。"说完他转身而去，不敢回头，怕女孩子看到自己难过与不舍的眼泪。第二天，女孩子还是来到了这里，然而再也见不到男孩子了。她只好垂泪而回。

时光匆匆，岁月如梭。时间到了1957年，当年在集中营里相遇的这两个人，都幸存了下来，并且都移民到了美国。从分开之后一直到1957年这一年，男孩子一直单身，其实女孩子同样如此。这一天，已经长大成人的男孩子的一位朋友说要给他介绍一位对象。之前也有朋友要给他介绍对象，但他都拒绝了，然而这次却仿佛有一股无形的力量驱使他，让他答应了去见一见朋友介绍的女孩。

男孩和那个女孩见面了。两人都发现对方很面熟，可是又都不敢确定对方是自己一直牵挂的那个人！于是，两人不约而同地聊起了纳粹集中营，说起了自己在里面的往事。于是，女孩问男孩，是不是在某某集中营？男孩回答说是。女孩说，我也是，当时我还给过一个男孩子红苹果。

男孩内心激动万分，但脸上还是故作平静地问她："那个男孩子是不是跟你说过，'从明天开始你不要来了，因为他们要把我送到另一个集中营去'？"

"是的！"女孩一边说一边流下了激动的泪水，泪水中有辛酸更有幸福。男孩的泪水也忍不住流了出来。两人都看着对方，默然垂泪了好一阵子。

又过了不知道多久，男孩突然问女孩："我一直都在想着你，每天都在想，每时每刻都在想！你可以做我的妻子吗？！"女孩激动地回答："我愿意！"然后，男孩紧紧握住了女孩的双手，两人紧紧拥抱在一起。

这是一个真实的故事。故事的男主人公在1996年情人节那天，受邀在奥普拉主持的脱口秀节目里，向全美观众表达了自己对妻子的那份浓烈而长久的爱。他说："亲爱的，在寒冷残酷的集中营里，是你给了我温暖和希望；我们重逢后，又是你的爱滋养了我。感谢上帝，能够把你送到我身边，让你一直陪伴着我！"

人活着就难免会遭遇各种各样的困难甚至不幸，在困厄面前，有些人会消极不已，甚至要结束自己的生命！然而，我们遭遇的不幸再大，能有上面这个故事里的男主人公那么不幸吗？他都能够坚强地活下来了，我们又怎么会做不到呢？事实上，当你能够活得富有激情、斗志昂扬、勇往直前，那么无论遭遇到什么，都绝不会失去希望！因此，无论我们遭受到了多大的挫折，也不要认为世界已经陷入永久的黑暗，其实黑暗只是暂时的，光明很快就会到来。无论如何，请永远保持希望，切记，明天又是崭新的一天！

莱妮·里芬施塔尔是一位充满了传奇色彩的人，她曾经被美国《时代周刊》评为 20 世纪最有影响力的 100 位艺术家之一，而她是其中唯一一位女性。莱妮·里芬施塔尔从小喜欢表演，理想就是做一名演员。20 岁那一年，因为出色的长相与绝佳的演技，她被当时的纳粹党头目看中，成了战争中专用的宣传工具。

几年后，德国战败，她也因此被判入狱。刑满释放后，她依然想要回到自己热爱的演艺圈。可是，虽然她才华横溢、演技出众，但因为她身上的污点，一些主流电影媒体总是对她敬而远之。莱妮·里芬施塔尔宝贵的青春年华就这样付之东流。

一转眼 10 多年过去了，她的身份依然被笼罩在刑满释放的囚犯的阴影下，没有任何人敢起用她，更不敢收留她，甚至，没有一个男人敢娶她。一晃已经年近半百，她依旧孤独无依，形单影只。

54 岁生日那一天，想起不幸的过去，她一个人在家里喝得不省人事。第二天，酒醒之后，她突然想通了："每天都是新的开始，我为什么要沉浸在过去的不幸中？我为什么不能给自己一个新希望呢？"于是，她做了一个令所有人都瞠目结舌的决定：只身深入非洲原始部落，采写、拍摄独家新闻！

1962 年，莱妮·里芬施塔尔前往苏丹努巴山区的原始部落，进行研究和拍摄工作。她独自一人克服重重困难，顶住生理和心理的巨大压力，拍摄了很多努巴人生活的影集。这些照片，让她一度在国内的摄影界声名鹊起。

在 71 岁那年，她开始学习潜水，为了让自己的拍摄才华与神秘的海底世界融为一体。随后，她的作品集中增添了很多关于海洋生物的画面。这段海底拍摄生涯一直延续到她百岁高龄。最后，她拍的一部时长 45 分钟的精美短片《水下印象》成了纪录电影史上的一个里程碑，也为她的艺术生涯画上了一个完美的句号。

莱妮·里芬施塔尔前半生失足、后半生瑰丽的人生给人们带来了启示：成功不会被过去所限制，只要明白"每一天都是新的开始"的道理，心怀希望，并且坚持不懈地努力奋斗着，那么你最终必然可以得到一个满意的结果。

生命是有限的，但希望是无限的，让无限的希望充满有限的生命，我们就能拥有一个生机盎然的人生。

不要找那么多借口

　　不管你是什么人，只要有坚定的决心，坚持不懈的努力，
那么你浑身就会充满无穷的力量，你的视野也会随即变得更为
开阔。

　　少为自己找借口，因为借口只会阻碍你成功。想要拥有成功，就坚持不懈地努力、努力、再努力，只有这样才能为未来找到出路。凡是成大事者，必定是不断努力，寻找着同路之人。

　　每一个公司都有其独特的企业文化，并没有专门为你量身打造的公司。这样的话，对于大多数的人来说可能很难接受。因为有太多的人用太多的时间抱怨着公司环境不好，并以此作为自己不努力工作的借口。这也可以理解，毕竟人往往喜欢贪图安逸。

　　与其等着环境被改变，不如多想想自己应该如何做。客观的环境不是你能做主，说改变就能马上改变的，但改变自己却是当下可以做的事。无论你面临的环境如何的差，最重要的是努力奋斗，做好自己。

　　成功人士都会用心地干自己的事业，无论什么条件都会努力干。别人认为是吃亏受累的事，他们却会努力干；当别人怨声载道时，他们也在努力干。因此，在做事时，不要太在乎名和利以及别人的想法，未来不可知，但是未来可以计划，可以构想，前提就是做好当下你所做的事情。

　　有一个年轻人，因为工作不如意，在两年之内居然换了十几家单位，最长的

待过 4 个月，最短的才 5 天，频繁地跳槽使他自己都有点无法忍受了。他觉得，并不是自己不想好好干，而是公司太差劲。有的是环境太差，有的是工资太低，还有的是老员工盛气凌人，这些都让他接受不了。

年轻人的处境不难理解，无论在哪个单位都拿着放大镜去找毛病，这样下去，肯定不会找到安身之处。然而那些不挑剔环境、主动去适应环境，努力工作，时刻想着如何才能做到更好的人，不管到哪里都能轻松地找到自己的工作。

稻盛和夫在这方面就做得很好，所以他从最初的技术人员最后成为赫赫有名的企业家。1932 年，稻盛和夫出生于日本鹿儿岛，在鹿儿岛大学工学部毕业后，他来到了"松风工业"做研究员。公司的条件非常差，经营也不是很景气，经常发生工人罢工事件。一般人在这样的环境中往往会消极做事，看不到希望。但稻盛和夫却不这样，他不仅每天努力工作，而且还经常主动加班。

当时有很多不能理解他的人，有人劝他，也有人骂他，面对如此恶劣的环境，一般人可能会放弃最初的坚持。然而稻盛和夫却一点也不放在心上，在那种情况下，他研发出了一种含有镁橄榄石的新型陶瓷材料。

稻盛和夫能研发出新材料真的是很困难的事情。当时的"松风工业"只是个小公司，而有着一流技术和研究设备的美国 GE 公司，在这一领域上已经遥遥领先。无论是技术还是实力，"松风工业"根本没法跟 GE 公司比。如果是别人，在面对这样的环境时，可能会找借口另谋他职，即使要研究，也会提出要求，让公司配备相应的先进设备。但稻盛和夫没有提出任何的要求，而是努力工作，一心钻研，最终研发出了新材料。后来，"松风工业"也发展得越来越好，稻盛和夫也坐上了特磁科主任的位置。正因为他对于未来做好了充足的准备，坚持不懈地努力着，才促使他不断向前发展，最后成了日本高科技时代的著名人物。

如果你改变不了环境，那你一定要有努力工作的心态。当你改变了心态，那么，你的事业也会得到相应的发展。没有人愿意承认自己不够聪明。但在工作中，却又时常听到这样一种声音："我已经很努力了，可还是没有做好。"原因何在？

这句话的真正意思是："我不够聪明，事情没做好是情有可原的。"有了这样的借口，就会心安理得地允许自己慢进步，甚至不进步，允许自己遇到问题不去动脑筋，出了差错也不去反省。坚持这样做，会造成什么样的后果呢？自甘堕落。而努力工作，积极为自己未来寻找出路的人，却会在未知中获得一举成名的机会。

演员王宝强，出生于河北农村。自从电影《天下无贼》上映后，他就成了家喻户晓的电影演员。他是怎样取得事业的成功的呢？

王宝强成名前，是一个普通农民，没有接受过任何影视方面的正规训练。他凭着纯朴善良、忠厚老实的性格，坚持不懈的努力，在影视界取得了不错的成绩。

电影《巴士警探》让王宝强第一次接触了武打戏，主要任务是帮男主角做替身。通常，在动作片中做替身是相当危险的。王宝强需要做的就是从一架非常高（两米左右）的防火梯上直接摔下来，落到极其坚硬的水泥地上。这样的动作实在太危险了，光是想想，我们都会浑身发抖。

想找借口，可以找出千万个借口。王宝强却不这么想，既然答应当人家的替身，就必须努力做到最好。接着，他上了片场，第一次摔下来，导演不满意，说动作不到位。又摔了第二次，还是没有过关，这时的王宝强已经浑身疼痛。到了第三次，第四次，第五次……不知摔了多少次，导演终于喊了一声"通过"。做完了这些，王宝强已经趴在地上不能动弹了。

他的替身经历，让很多武术指导感慨万分。别人都是假摔，只有王宝强真摔。当然，这样更能拍出武术的真实效果。

自此以后，王宝强的名声大振，很多导演都知道他做替身非常认真。他的活儿就一个接着一个，从替身到配角再到主角，一步步走向了事业的辉煌。

当你竭尽所能、拼尽一切去做一件事时，你就会变得无比强大。说得更确切点儿，你就会战胜所有的人。不管你是什么人，只要有坚定的决心，坚持不懈地努力，那么你浑身就会充满无穷的力量，你的视野也会随即变得更为开阔。

王宝强是一个做事非常认真、刻苦的人，论学历、文化程度，他是不高；论表演经验，他没有受过任何的专业训练。努力、不找借口是他对工作的原则，他也是坚持着这种精神让自己走到了成功的彼岸。

因此，无论你做什么事都不要去找借口，找借口只能让你寸步难行。你要明白，努力是你唯一的出路。唯有坚持不懈地努力，你才能有更好的出路，更美好的未来。

你的命运因意志而改变

> 拥有如此坚强意志的人，他的生活中根本就不会存在"不可能做到"的事情。失败当道，寸步难行；成功在前，无所畏惧。

一位名人曾说："在强者眼中看到的是成功，在弱者眼中看到的是失败。所以，要想成功上位，就以不屈的意志变'不可能'为'可能'吧。"

在人的一生之中，将会遇到各种各样的困难与挫折。有些人成功地跨越了那些障碍，成了令人敬佩的强者，手捧胜利的鲜花，接受人们的赞叹与艳羡；而有些人却栽在了那些"沟沟壑壑"中，成了令人漠视的弱者，只能躲在角落里，得过且过地生活。

那么，强者与弱者的身上到底有什么区别呢？或者更确切地说，强者为什么强，弱者为什么弱呢？原来强者心中的信念都是十分坚强的，在这种信念的鼓励下，强者的意识中任何事情都是能够做到的；而弱者则不然，弱者的信念不够坚定或者根本就没有什么信念，面对同一事物，弱者看到的多是自己的负面，不断暗示自己：我不可能做到！因此，强者与弱者的最终结局才有天壤之别。

汤姆·邓普西天生仅仅有一只残疾的右手与半只左脚，他可以算得上是一个残疾程度挺严重的残疾人。然而，他的父母经常教育他："你不需要由于自身的残疾就感到些许不安，别人能做到的，你也可以做到！"因此，任何一个健全的男孩可以做到的事情，他都可以做到，而且做得一点儿也不比别人差。

后来，他喜欢上了橄榄球，并且开始学习踢橄榄球。而且他发现，与其他男孩子相比，他居然能够将球踢得更远。于是，他请专人为自己定制了一只特殊的鞋子，进行了踢球测验，并且获得了一份冲锋队的合约。然而，面对他的情况，教练十分婉转地对他说："你的条件并不适合做职业橄榄球员，你还是试一试其他的事业吧。"

不过，他并没有因此灰心丧气，也没有因此而放弃，而是经过深思熟虑后，提出了加入新奥尔良圣徒球队的申请，并且向教练提出给他一次展示的机会的请求。尽管教练的心中还是存在一些疑虑，但是看着他如此自信，就对他产生了好感，所以，最终决定将他收下。

两周之后，教练对他更有好感与信任了，因为在一次友谊赛中，他居然踢出了 55 码，成功地为自己的队挣得得分。这促使他得到了这份心爱的工作——专门为圣徒队踢球。而且那一赛季当中，他为自己的球队赢得了 99 分。

对于他来说，一生中最为重要的比赛来临了。那一天，有 66000 名球迷前来观看比赛。球停留在 28 码线上，但是比赛仅仅剩下短短的几秒钟了。这个时候，球队将球推进到了 45 码的线上。

教练大声喊道："邓普西，赶紧进场去踢球。"

当邓普西进入赛场的时候，他很清楚自己的队伍与得分线的距离为 55 码，巴第摩尔雄马队毕特·瑞奇曾经踢出了联赛的纪录。球传接得非常棒，邓普西使尽全身力气一脚踢在了球上，球嗖的一声开始笔直地向前飞进。可是，这一脚踢得足够远了吗？ 66000 名球迷都非常紧张地屏住呼吸看着，球从球门横杆上面几英寸处越了过去，紧接着，裁判将双手举了起来，表示获得了 3 分。邓普西所在的球队以 19:17 的成绩获得胜利。球迷们为此几乎都要疯狂了。邓普西创造出来的奇迹深深地将他们震撼了，不少球迷激动得泪流满面。因为这样的一个"极限球"是一个仅仅有半只左脚的球员踢出来的啊！

谈到成功，邓普西说："父母从来没有告诉我，我有什么不能做的。"在邓普西看来，只要具备坚强的意志，任何困难都是可以克服的。

从这个故事中，我们能深刻地感受到：拥有坚强意志的人，他的生活中根本就不会存在"不可能做到"的事情。的确，失败当道，寸步难行；成功在前，无所畏惧。拥有坚强意志的人都是十分自信的，站到镜子前的时候，总会说上一句："我很棒，我一定行！"而缺乏坚强意志的人，往往是不自信的，站在镜子前的时候，说得最多的话就是："我可以做到吗？不，我做不到！"

很多人都看过《风雨哈佛路》吧，在这部世界级畅销的小说中，作者叙述了自己从黑暗慢慢地走向光明的人生。

1980年，在纽约布朗克斯区的贫民窟中，一个名字叫作莉丝·默里的小女孩出生了。尽管她的父母彼此都深爱着对方，但因为嗜毒成瘾，使得家中十分贫穷。当别的小朋友都在上学的时候，年仅8岁的莉丝却沦为一名小乞丐，以乞讨为生。为了活下去，她与姐姐不得不依靠偷东西来果腹。

15岁的时候，莉丝的母亲死于艾滋病，父亲进了收容所。从此，小莉丝与姐姐就成了无父无母的孤儿。

好在姐姐莉莎得到了好心人的帮助，能够到朋友的家中借宿，而小莉丝却无处容身，不得不露宿街头。隧道、地铁以及公园中的长椅等，都曾是她夜晚睡觉的地方。而且，有些流浪汉还经常欺负她。

尽管生活困苦，但是莉丝从来没有放弃过希望，一刻也没有向命运低下过自己的头颅。她一直坚信：总有一天，能够从命运的枷锁中摆脱出来，与大部分人一样，过上普通、幸福的生活。与此同时，她也强烈地意识到，只有回到学校接受教育才能改变自己的命运。

经过努力，回归高中读书之后，她常常在过夜的走廊上或者地铁站，完成老师留下的作业。即使没有温暖的家、没有固定的居所，莉丝却在两年内完成了需要四年才能完成的高中课程，并且因为成绩优异得到了《纽约时报》的奖学金，顺利进入了哈佛大学读书。

可谁也不知道，她依旧过着吃了上顿没下顿、露宿街头的生活。不过，她却不觉得辛苦。在饱受欺凌与歧视的成长过程中，她学到了难能可贵的生活经验，更明白了知识的重要性。后来，莉丝依靠自己坚强的毅力，在哈佛大学取得了临床心理学博士的学位，迎来了人生中盼望已久的曙光。

现在，莉丝经常到世界各地演讲，大力宣扬"有志者事竟成"的理念，并且负责心灵工作坊，帮助人们将自身的潜能唤醒。

莉丝之所以可以收获成功，是因为她懂得：童年所遭遇的不幸并不能够成为她逃避现实的借口，只有保持顽强的意志力，然后竭尽所能地努力与奋斗，才能够将自己的命运改变。因此，对于每个人来说，现实既非天堂，也非地狱。因为不管你的出身怎么样，不管你是穷人，还是富人，只要你秉持顽强的意志力，敢于向命运发出挑战，那么，你就能拥有改变自己人生的机会与能力，就有机会获得成功。

亲爱的朋友们，你们想要成为什么样的人呢？你们想要自己活得非常精彩，自己的人生异常辉煌吗？如果你们的回答是："是！"那么，你们首先要做的事情就是查看自己是否具备坚强的、不屈不挠的意志。要知道，你们的命运因意志而改变！

与其空想，不如立即行动

不管你的梦想是多么美好，一旦离开了行动，那么它就变成了空想；不管你的计划是多么完美，一旦离开了行动，那么它也就丧失了应有的意义。

只有实际的行动，才可以使计划变为现实。一张精致的地图，它的内容再怎么详细，比例再怎么准确，永远也不可能领着自己的主人到列国游玩；严肃而公正的法规条文，不管是多么神圣，永远也不可能将所有的罪恶都扼杀在萌芽状态；充满了人类智慧的宝典，不管是多么精辟，永远也不可能自动帮助人们创造出财富。唯有你真的开始行动了，才能够让地图、法规、宝典等具有现实的意义。

安妮是个长相漂亮、很受人欢迎的小姑娘，但她每次做一件事时，总是喜欢空想，却不会立即做出行动。

詹姆森先生是某某水果店的老板，经常卖一些本地生产的水果，比如草莓等。詹姆森先生很喜欢安妮——这个与他同村的女孩。有一天，他问安妮："亲爱的，你想要赚些钱吗？"

"当然，"安妮毫不迟疑地回答，"我早就想拥有一双漂亮的新鞋了，但我家里的条件太糟糕了，根本就不可能买得起。"

"好吧，安妮，"詹姆森先生接着说道，"住在你家隔壁的卡尔森太太，她家有一个牧场，里面有不少长势良好的黑草莓，并且准许任何人进去采摘。你也可以去采摘，然后将采摘的黑草莓送到我这里，1夸脱黑草莓，我会支付给你13美分。"

安妮听了之后，相当激动。她快速地跑回自己的家中，找到一个篮子，挎到胳膊上，打算立即就去摘黑草莓。这个时候，她情不自禁地想道，自己最好还是先计算一下采摘 5 夸脱黑草莓能卖多少钱。于是她将一块小小的木板与一支细长的笔拿了出来开始计算，结果显示为 65 美分。

"如果我能够采摘到 12 夸脱黑草莓呢？"她接着计算，"那么我又能够得到多少钱呢？"

"啊，上帝啊！"她计算出结果，"我居然可以赚到 1 美元 56 美分！"

就这样，安妮不停地计算下去，如果她采摘了 50、100、200 夸脱黑草莓，她会赚到多少钱。她在这些计算上花费了大量的时间，不知不觉已经该吃午饭了，没办法，她不得不下午再去采摘黑草莓了。

午饭过后，安妮拿起自家的篮子匆忙跑向卡尔森太太家的牧场。但是，有不少人在上午就已经来这里采摘黑草莓了，没多久，他们就将品质优良的黑草莓都采摘完了。而小安妮呢，最后只采摘到了 1 夸脱卖相不太好的黑草莓。

在回家的时候，情绪有些低落的安妮突然想起了老师经常说的话："做事情必须尽早下手，做完之后再去想。因为 100 个空想家都比不上一个实干者。"

唯有行动起来，才可能让计划变为现实。成功不仅仅需要计划，更需要的是实际的行动；不管目标有多么远大，倘若不行动起来，那么它永远只会是空想。

在一次关于行动力的研讨会上，培训师与大家一起做了个游戏。首先，他这样说道："现在，让我们一同做个游戏吧。大家一定要全身心地投入，并且付诸行动。"然后，他从自己的钱包中掏出 100 元，接着说道："现在，有想要这 100 元的，只需要拿出 50 元来换即可。"他连续说了好几次，但谁也没有行动。最终有一个人慢慢地走上了讲台，眼中带着怀疑，默默地看着培训师与那 100 元，不敢进行下一步行动。

这个培训师立即提醒道："你必须要配合，要参与进来，要立即行动起来。"那个人这才将手中的 50 元给了培训师，并且拿走了那 100 元。最后，培训师说道："不管什么事情，立即行动起来，你的人生就会变得不一样。"

由此可以看出，倘若没有实际的行动，即便钱财就放在你的面前，你也没有办法真正拿到它。

　　古时候，在四川的大山中有一座香火并不鼎盛的寺庙。因为这座寺庙位置非常偏远，所以很少有人去。寺庙中有一个穷和尚与一个富和尚。穷和尚每天都穿得破破烂烂，不成样子，吃得也十分简单，也就是刚够果腹而已，整个人看起来瘦瘦的；而富和尚却不同，他不仅每天穿着由丝绸制作的上好衣服、吃着美味的上等食物，整个人胖乎乎的，而且脸上也是油光发亮的。

　　那个时候，人们都觉得南海（也就是今天的浙江普陀）是一个佛教圣地，不少出家人的人生理想都是：能够去一次南海。有一天，穷和尚告诉富和尚："我准备去一趟南海，你认为如何呢？"富和尚听后几乎不敢相信穷和尚居然有这样的想法。他认认真真地将穷和尚打量了一番，然后突然大声笑了。

　　穷和尚被富和尚笑得一阵尴尬，也觉得很莫名其妙，于是问道："你笑什么呢？"

　　富和尚说："不是我听错了吧？你想要去一趟南海？你有什么东西可以依靠，支持你去南海呢？"

　　穷和尚说："我只带一个水瓶与一个饭钵就可以了。"

　　"哈哈……"富和尚笑得都快喘不上气来，"我们这里距离南海有数千里的路程，在去南海的途中更是有各种各样的艰难险阻，这可不是闹着玩的事情。几年前，我就开始做准备要去南海，等我准备好了足够的粮食、用具及医药，然后再买上一艘大船，找上几个水手与保镖，就能够出发前往南海了。但你呢？你想要依靠一个水瓶与一个饭钵去南海，这根本不可能！你还是算了吧，别在那里做白日梦了。"

　　听到这里，穷和尚不再说话，两人的争执随之结束了。不过，第二天，富和尚却发现穷和尚不见了踪影。原来，穷和尚一大清早就带着一个水瓶与一个饭钵悄悄地从寺庙离开了，凭借双脚走着去南海了。

　　一年之后，穷和尚终于实现自己的梦想——到达了南海，这个他梦想中的圣地。

　　很快，两年过去了，穷和尚从遥远的南海回来了，他依然只带着一个水瓶与一个饭钵。因为穷和尚在南海学会了不少知识，回到寺庙以后，成了一位品德高尚、声望很高的和尚，而那个富和尚依旧在为前往南海进行着各种各样的准备呢。

很显然，穷和尚与富和尚都有去南海的愿望。但是，穷和尚快速地付诸行动，并且获得了成功；富和尚却只是想去，没有实际去做，因此，他也就只能一直这样"准备"下去了。

人生亦如此，不管你的梦想多么美好，一旦离开了行动，那么它就变成了空想；不管你的计划是多么完美，一旦离开了行动，那么它也就丧失了应有的意义。因此，如果我们要实现自己的梦想，就一定要重视行动，在行动中将自己的理想实现。

PART

4

成长：

世界不曾亏欠每一个不断进步的人

迷茫的时候，读一本好书冷静一下

在追求成功的路上，人们都来去匆匆，有不少人就是在不自觉的自满之中被其他人超越的。

人的智慧可以表现在生活、工作、爱情、婚姻等诸多方面，这都源于一个人所拥有的学识与阅历。而智慧的一个相当重要的来源就是书。书带领着人类从洪荒走到了启蒙。改变一个人最为有效的途径就是读书。一个人的智慧、气质以及修养都与读书有着极其密切的联系。

假如我们能每天抽出 15 分钟的时间进行阅读，这代表着我们在一个星期之内大约会阅读半本书，一个月之内大约阅读 2 本书，一年之内大约会阅读 20 本书。这样下去，我们在一生中阅读的书籍数量就相当惊人了。

倘若你是一个钟情于文字的人，喜欢文学的人，想要提升自己的素养，让自己变得更加充实，那么，你可以选择《红楼梦》《源氏物语》《围城》《简·爱》《飘》《傲慢与偏见》等书籍。这些书都是世界名著，经历了岁月的磨砺，属于书籍中的精品。阅读此类书籍，你应该像品茶一样，反复进行阅读，这样才能更好地帮助你提升自身的气质。

倘若你是一个喜欢浪漫的人，想要陶冶一下自己的情操，感受不一样的美感，那么你不妨选择《世界美术名作二十讲》《李清照诗词评注》《随想录》《守望的距离》《草叶集》等书籍。这些书籍可以让你在阅读的过程中忽然产生一种超越世俗的美丽体验，在这种纯粹的美中，你的心灵也会迅速地得到升华……

倘若你是一个怀抱梦想、拥有明确目标并且愿意为之奋斗、希望创建一份属于自己的事业的女人，那么你应当去读《居里夫人》《不规则女人》《假如给我三天光明》等书籍。这些书籍将会帮助你插上梦想的翅膀，在给予你足够的信心与勇气的同时还会帮助你正确地认识自己，给自己进行定位，然后寻找适合你的事业方向。

倘若你是一个喜爱哲理、注重思想的人，那么，你不妨选择《存在与虚无》《苏菲的世界》《理想国》《浮士德》等书籍。这些书籍具有非常强的哲理性，不愿意看的人可能会感觉十分枯燥，可是对于喜爱看这一类书籍的人而言就不同了。或许这类书籍会给你一些启示，让你深刻地感受到不一样的闪光思想……

倘若你是一个在生活中受到了某种伤害、感到迷茫、想要寻找心灵慰藉的人，那么你可以选择《时间草原》《爱过不必伤了心》《绿野仙踪》等书籍。这些书籍就好像是非常神奇的药丸一样，能慢慢地将你心灵的伤痕治愈。

著名的散文家、哲学家培根先生曾经说过这样一句话："凡有所学，皆成性格。"阅读能够丰富我们的心灵，扩大我们的视野。凡是我们人生从未经历过的体验，皆可以从书中获得，想要习得前人的经验，最方便的方式就是阅读。我们可以先读自己现阶段最需要的书，让知识带我们跨越人生的界限。

李嘉诚是一个非常喜欢读书的人，不管在什么情况下都不会忘了读书。12岁的时候，李嘉诚来到了香港，也就是在这个时候他就担负起了赚钱养家的重大责任。他是一个极具上进心的人。在工作之余，同事们都会聚在一起打打麻将，放松一下，而他却会捧着书苦读，并且每天都是这样。

现在，李嘉诚已经有80多岁了，依旧酷爱读书。他最喜欢读的就是经济、科技、历史遗迹、哲学方面的书籍，每天晚上睡觉之前都要看一会儿书。

如今，资讯科技正在蓬勃发展，他也跟上时代的步伐，开始阅读最前沿的书籍与杂志。他对自己读书的态度是这样形容的：自己并非在读学问，而是拼命地抢学问。

李嘉诚很少看小说与娱乐新闻，也很少睡午觉，他总是在用挤出来的时间阅读并吸收最新的知识。每天早晨7点半，他的办公桌上都放着下属已经整理好的当天与他的业务有关的剪报。他不仅紧紧地跟着社会的发展步伐，甚至还要比社会跑得更快一些。从他跳出塑胶花厂到发展地产，再到搞电信、港口、网络、投资海外等生意中都可以看出他的远见与卓识。

与别的早期自内地来到香港的企业家相比，李嘉诚因为苦读英语而变得有所不同。早在李嘉诚创办塑料厂的时候，他就已经订阅了与塑料有关的一些英文杂志，以此来对世界最新的塑料行业动态进行了解。因为自己懂英文，所以，李嘉诚可以直接飞往欧美，参加各种类型的展销会，面对面地与对方谈生意，这使他能够与一些外籍投资顾问打交道。后来，李嘉诚还出资收购了"和记黄埔"。

李嘉诚每天需要工作10多个小时，那他是如何学习英文的呢？原来，在早年的时候，他特意聘请了一个私人教师，在早晨7点半准时来为自己上课。他上完英文课之后，又一刻也不停歇地赶去上班，每天都是这样。

我们每个人都在为自己的梦想而努力，为自己的成功而拼搏。但是，在追梦的道路上，如果你不会继续完善自己，吸收知识，那么你很快就会被快速发展的时代所淘汰。在追求成功的路上，人们都来去匆匆，有不少人就是在不自觉的自满之中被其他人超越的。

我们不仅在求学的时候需要阅读，进入职场工作之后更需要阅读。在工作顺利时，我们需要阅读；在工作不顺时，我们更应该通过阅读找到解决问题的办法，克服生命中的挑战。

如果你因为工作受挫而无精打采，正好静下心来好好地阅读，用书中的见解调整自己的思绪，为自己未来的人生打气。

当我们的人生遇到阻碍与困难的时候，不妨静下心来读一本好书，它会给你启发，赋予你智慧，从而帮助你以最快的速度找到正确的破解之道。

敢于承担责任的人最容易成熟

一个优秀的员工，不仅要具备精深的专业知识、熟练的工作技能、过硬的职业素养，更重要的是还要有一种"不找任何借口"，敢于承担责任的勇气与决心。

朋友，想必你也知道什么是"责任"，但是光知道还远远不够，当面对需要承担的"责任"时，你是否坚强地挑起过"责任"的重担呢？还是遇到了这种情况就想逃跑呢？

的确，不是每个人都可以做到义无反顾地将责任扛到自己的肩膀上，因为在扛起"责任"这块大石的同时也就意味着将要放弃很多东西。

有一个女孩，她的母亲对她的生活产生了很大的影响。据描述：她刚出生没有多长时间，父亲就去世了。然而，她的母亲拥有着强大的实力，再加上工作非常勤奋而努力，没多久就成了一个小有名气的实业家。

她的母亲如此了不起，对她也是相当疼爱，无微不至地进行呵护，并且让她接受了良好的教育。可是，这并非最重要的，在她看来，最重要的是，她需要承受一种相当大的压力，而这种压力居然是源于自己母亲所取得的成功。

女孩这样说道："从青年时期开始，我就生活在母亲带给我的阴影中，我觉得我与母亲之间有一种'竞争'。"

对此，她的母亲非常困惑。这位母亲说："我一直都不能理解她。多年来，我辛辛苦苦地工作，为她创造了比我当初好得多的条件，没料到却给她造成了心理上的阴影！"

乔治·华盛顿从小到大家境也很好，但他从来没有向父母抱怨过富裕的生活曾给他造成过心理压力，最终成了美国第一任总统。

亚伯拉罕·林肯小时候过得很苦，但并没有在逆境中沉沦，也没有怨天尤人，不但对自己负责，还努力地对别人负责。正如他在1864年发出的声明中说的那样："我要对所有美国人，对基督，对历史，以至对上帝负责。"

这份声明很可能是世界上所有声明里最勇敢的声明之一了。它启示世人，若不能以同样的精神为人类负起责任，就不能说自己已经成熟。无论任何时代，社会最需要的皆是那些能够对自己和别人都负得起责任来的人，那些坚强、成熟的人。

休斯·查姆斯曾经做过"国家收银机公司"的销售经理。在此期间，他曾经遇到过一种非常严重的危机：这个公司的财务出现了问题。在外推销的销售员得知该消息以后，不再热情地工作了，销售量也随之出现下滑。

后来，情况变得越发糟糕了。在这种情况下，销售部门将美国各个地区的销售员都召集起来开了一次会。查姆斯先生主持了这次会议。

首先，他将具有最好业绩的销售员请出来，说一下销售量出现下跌的原因。那些被叫到的销售员们站起来之后，给出的答案基本上是相同的，不是说商业不景气，就是说缺乏资金，抑或是说人们想要等到总统大选揭晓之后再来购买东西，等等。

当第五个销售员开始诉苦，说是由于这种或那种困难，才导致他没有办法完成任务时，查姆斯先生实在听不下去了。突然，他跳上了桌子，高声地要求大家安静下来。他说："我宣布，大会暂时停止10分钟，让我将自己的皮鞋擦亮。"然后。他让坐在旁边的一个黑人小工友为他擦亮皮鞋，而他本人则一动不动地在桌子上站着。

大家开始对此议论不止，甚至还有人觉得查姆斯先生是在发疯。这个时候，那个黑人小工友依旧从容淡定地擦着皮鞋，将自己一流的擦鞋技术表露无遗。

皮鞋被擦亮之后，查姆斯先生将一毛钱给了这个小工友作为工钱，然后继续开会。他接着说道："这个小工友主要负责为工厂与办公室中的人擦鞋。他的前任是一个白人小男孩，相较于他，白人小男孩年纪要大一些。虽然公司每个星期都会将5元的薪水补贴给白人小男孩，而且工厂中的员工有好几千名，但他依旧没办法赚到足够的生活费。"

"这个黑人小男孩则不一样，他不但能赚到很高的收入，也不需要公司补贴给他薪水，而且每个星期还能够存点儿钱。你们觉得那个白人小男孩赚不到钱，应该怪谁？"

那些销售员齐声回答："自然是那个白人小男孩的错了。"

"确实如此，"查姆斯回答说，"如今我要告诉你们，与一年前的情况进行比较，你们目前推销收银机是完全一样的：同样的地区、同样的对象及同样的商业条件。可是，你们的销售成绩远远不如不上一年。这到底是谁的责任？"

销售员们再次不约而同地大声回答："当然，是我们的责任。"

"我非常开心，你们可以如此坦率认错，能够坦然地承担责任，"查姆斯继续说，"我现在要告诉你们：你们的错误要归咎于你们听到了与本公司财务困难有关的谣言，这在很大程度上对你们的工作热忱产生了消极影响。只要你们回到自己的销售地区，并且保证在一个月内，每个人都将5台收银机卖出去，那么，本公司的财务危机就解决了。你们愿意这么做吗？"

大家回答"当然愿意了"，后来，他们真的做到了。

一个优秀的员工，不仅要具备精深的专业知识、熟练的工作技能、过硬的职业素养，更重要的是还要有一种"不找任何借口"，敢于承担责任的勇气与决心。美国著名的成功学家——格兰特纳曾经说过："如果你有自己系鞋带的能力，就有上天摘星星的机会！成功的人永远在寻找方法，失败的人永远在寻找借口，当你不再为自己的失败寻找借口的时候，你离成功就不远了！"

当责任落在自己的肩头时，我们勇敢地去承担吧。与其想尽办法寻找借口欺瞒别人，不如将这些精力和时间用在如何解决问题上，我们一定能找出解决问题的良好方案，取得卓越的成就。总之，一个渴望成功的人一定要切记，成功的第一项法则就是：对自己的行为负责，勇于承担责任，绝不寻找任何借口！

"不劳"怎能有"获"

虽然，每一个人对于成功的观点与看法略有不同，其实抛开这个成功不说，单是就付出本身而言，每一种付出都会有收获。

我国著名的革命家、教育家徐特立说过，想不付出任何代价而得到幸福，那是神话。虽然"不劳无获"是人类的常识，但世界上偏偏有不少人总想着"不劳而获"。可惜的是，最终的结果往往证明，不付出任何努力就想大有收获，这只能是痴心妄想。

杰森是一位年轻的上班族，收入不高，却很羡慕那些拥有豪宅豪车、衣着光鲜、出手阔绰的富人们，尤其是富人里的企业家们。他认为富人们的生活风光无限，所以他很向往。而他认为这种他最想要的生活，只要他向富人里的企业家们请教，然后照着企业家们的方法去做，就一定也能拥有这样的生活。在他眼中，成功企业家都能创造这样的生活。

通过一番努力，杰森获得了向某位企业家请教的机会。他向企业家请教道："怎样才能像您这样，过上风光无限的生活？"企业家说："我现在看起来是很风光，但这份风光，是我过去用了无数的辛苦打拼才换来的。我也穷困过，吃过很多苦，不瞒你说，在最艰难的岁月里，我刷过马桶，睡过天桥底下的桥洞，甚至连最便宜的馒头都买不起一个……那种饥寒交迫的滋味，现在还记忆犹新。为了摆脱这种生活，我真的是拼了命去努力，付出了常人无法想象的辛苦。生活终于眷顾了我,我最终成了有钱人。"

杰森听完,也不禁有些感慨。不过他更想知道的是,如果不付出很多努力,却又想取得这么大的成功,是不是可以。企业家回答说,不太可能。杰森一听,满脸失望地离开了。

除了富有的企业家,杰森认为影视明星也是生活的幸运儿,他们的生活也很让人艳羡。这些明星,不但整天能在银幕、荧光屏上露脸,还都有一群粉丝追捧着,看着就很风光。于是他想办法向明星请教成功的诀窍。终于,他拜访到了一个明星,然后诚恳地向对方请教成功之道。

这位明星回答说:"想要人前风光,必先人后受罪。没有人能随随便便成功。为了成功,我已经持续多年,每天都早早起床,然后将已经很扎实的基本功不断巩固和提升。工作了一天回到家后,我还要练习到很晚才能睡觉。出演角色时,为了能让角色更出彩,我总是付出很多时间、精力去琢磨,并在拍摄之前反复练习很多次……"杰森越听越觉得这位明星的成功方法复杂。他问明星,有没有获得成功的快捷简单的方法?

明星回答道:"成功应该没有简单快捷的方法,至少我没见到过。我能够成功,真的是付出了比绝大多数同行都要多的辛苦与努力。"杰森又一次失望地离开了。但他并没有死心,又拜访了很多他认为过得很风光、很幸福的人,向他们请教成功的捷径。然而,每一次他都会收获一个失望的结果。这一天,他遇到了一个智者。他问智者,天底下真的没有一种成功,是可以不用付出努力就能获得的吗?

智者微笑着说,也不是,其实世界上有一种东西是不用付出努力就能得到的。

杰森一听,既开心又兴奋,他问道,您快告诉我,是什么?

智者故作神秘地说,世界上不需要付出努力就能轻而易举获得的东西,叫作——年龄!

杰森恍然大悟,从此开始为了拥有自己想要的生活而努力付出。经过不断的努力,十几年后,他终于过上了他以前认为的风光无限的生活。

这个故事其实想告诉大家的道理很浅显易懂:想要得到任何东西,都需要相应的付出;想要得到的东西越有价值越难得,相应的付出就越多。而付出得越多,之后才能得到的东西，我们会越珍惜；反倒是那些轻轻松松就得到了的东西，我们并不会觉得有多么重要。

这个故事还有一个道理并没有直接说出来：每一种付出，都会有收获，只不过这种收获不一定是你想要的或者最想要的收获。对于"付出就是一种收获，每一种付出都会有收获"，体会最深的恐怕就是那些热衷于慈善事业的人了。那些经常主动去做好事的人，其实也可以称为"不求回报地付出"的人。这些人对"付出与收获的辩证关系"是最有发言权的，因为这是从他们的亲身经历中来的。论及至此，笔者想到了一位名叫王秋扬的人的一些经历。

王秋杨是今典投资集团的联席董事长，曾积极推广过"赤脚医生工程"，主要内容是为西藏阿里地区的自然村与行政村培养赤脚医生与女接生员。在阿里当地农村，藏民们都不太习惯到医院里去生孩子，又不愿意让男医生帮待产妇女接生，所以王秋杨希望为当地多培养一些赤脚医生与女接生员出一份力。此外，她每年都会为当地藏民购买价值五六百万元的常用药品，用专门的车辆运载上去，从而大大缓解了藏区人民缺药少药的难题。

王秋杨是什么时候开始做这些事的？又为什么会做这些事呢？原来，作为一个登山爱好者，有一年她开车穿越藏北无人区，来到了尼玛县文部乡时，遇到了村里的一位老人。当时，这位老人突然感觉头痛欲裂，便问她要药吃。她马上停下来，在了解了详细情况后，便从自己携带的药箱里取了能治老人的病的药，给了老人。

正当她为头痛老人提供帮助时，不知不觉中，她发现来了不少人，有搀着老人来的，有抱着小孩来的，有自己来的……这些人很有秩序地排着队，目的都只有一个：等着她给自己看病！这些人都以为王秋杨是医生。

看到这群穷苦的藏民如此迫切地需要自己，虽然自己不是医生，但普通的小病小痛还是能够给他们提供一些常用药的。于是，在逐个询问了病情后，她就把相应的药物给了对方。很快，她随身携带的那满满一大箱子的药，就几乎分发完了，只剩下了一些安眠药，以及一支温度计。

虽然还是有一些藏民没能分到药品，但村子里所有的人都对王秋杨感激万分。

独自置身于这茫茫雪原上，看着这一张张朴实的面孔，她突然很想用自己的力量去帮助他们。因为她在这片土地上获得了一种力量，一种平和、安静的力量。不过，她发现这片土地上的藏民，在很多方面都需要帮助，尤其是在医疗和药品上。所以，她开始尽自己的能力，去为大家购买药品，后来还开始了培养赤脚医生和女接生员的工程。

当地藏民对王秋杨为他们做的贡献非常感激，大家都非常喜欢她，还给了她一个很亲切的称呼——"阿佳"（藏语：姐姐）。王秋杨不求回报地付出了那么多，而且还在不断地付出，也许有些人觉得很不理解。但王秋杨有一次却说，自己也获得了很多回报，比如自己每一次踏上这片神奇的土地时，都有如进行了一次精神上的洗礼。

每一个付出都必定会有回报。不求回报地付出，虽然几乎没有物质上的回报，但很多时候精神上的回报是必定有的，甚至还很大。对于有些人来说，付出了很多后，能获得物质、金钱等巨大回报，才是值得的；但对于另一些人来说，付出了很多之后，能够让自己的心灵获得慰藉，让自己收获内心的平和、安宁、静谧，其实也是一种巨大的回报！这就是人们追求的不同，层次的不同，境界的不同，于是对付出与回报的理解也就不同了。

最重要的是你脚下的路

微笑地面对每一天，扫除心中的疲惫，让快乐成为今天的
主题。要用积极的心态去面对今天，也只有这样，我们才能真
正把握住今天。

你是否曾经问过自己这些问题：我的人生是不是没有遗憾？我这辈子想做到
的事情都已经完成了吗？我真正快乐的日子多吗？我有多少次是发自内心地笑
过的？

你是不是想自己的人生这样度过：上小学时，拼命学习以考进一所好的中学；
上中学时，又拼了命地学习，以让自己进入一所名牌大学；大学毕业时，又想方
设法找到一份好工作；工作有了着落后，又开始费尽心思希望能攀到一门好亲事，
然后，是生儿育女；孩子有了，就开始为孩子操心，希望孩子能上一所好幼儿园、
好小学、好中学、好大学；孩子长大成人了，也开始工作了，也娶妻生子了，你
终于松了一口气，开始规划退休之后的快乐生活了；然而，当你真的退休了的时
候，才发现很多想做的事情，自己都没有那个体力去做了……最后，你带着一生
的遗憾，离开了这个让你依依不舍的人世。

如果你不希望这样过一辈子，又不知道该怎么办，不妨先看看下面这个故事。

大学毕业后，刚开始的两年，林纹是在自己喜欢的单位上班的，并做着自己
喜欢的工作。然而，受到身边各种亲友的影响后，他认为自己真正想要的生活是
住别墅、开名车、出入高档场所等。经过一番思想斗争后，他最终还是决定放弃

自己喜欢的工作，然后毅然决然地"下海"经商。他当时还安慰自己说："等我买到了名车，住上了别墅，拥有了千万财富，我一定会重新回来做我喜欢的工作。"

经过 10 多年的打拼，林纹真的拥有了巨额财富，住上了别墅，开起了名车。实现这些心愿的时候，他也曾欣喜若狂过。然而，这种兴奋并没有持续很长时间。尤其是最近，不知道什么时候开始，他居然抑郁了，这时候的他已经完全没有了赚钱的兴趣。他跟身边的一位朋友说："当我赚到人生中的第一个 10 万元时，我兴奋了几个月；当我赚到第一个 100 万元时，我兴奋了一个星期；当我赚到第一个 1000 万元时，我兴奋了一天……然而，现在，无论我赚了多少钱，我都不兴奋了，怎么办啊？我感觉我的人生完了！我觉得被自己欺骗了！更悲哀的是，我以前喜欢的工作，现在对我也没有吸引力了。"

你是否也有过林纹这样的心路历程？你是不是也曾经忙忙碌碌了大半辈子，却发现自己虽然收获了很多物质财富，心里却越来越空虚？你是不是发现你追求了好些年的目标，最后发现并不是自己真正想要的？

不过，其实即使现在你发现了当下你拥有了的一切，并不是你最想要的，也还是没必要沮丧，更没必要抑郁，因为只要你活着，你就拥有重新选择的权利，就可以重新出发，去寻找你真正想要的东西。

当你能够活在当下，活好当下，把握现在后，你就一定会发现，其实每一个年龄段都是最好的。令人遗憾的是，有为数不少的人却认为自己所处的年龄段是最糟糕的。很多人并没有活在当下，而是忙着为未来的时间做打算，又或者经常在回忆过去的美好时光，唯独忘记了要活在当下，把握现在！

曾记得有这样一个电视节目，主持人在里面问了很多人同一个问题："你认为生命中最好的年龄是什么时候？或者说，是多少岁？"

一个 8 岁的女孩说："出生后两个月大时吧，这时候有很多人爱着你，还每天都有人抱着你。"

一个 10 岁的女孩说："我认为是 3 岁时，这时还不用那么早就要起床上学，还能自由自在地玩耍。"

一个 13 岁的女孩说："肯定是 16 岁啊，到了 16 岁，女生就能穿耳洞了。"

一个 14 岁的男孩说："我希望我赶紧满 18 岁，那样我就高中毕业了，然后就可以去任何我想去的地方喽！"

一个 35 岁的女人说："50 岁，到这个年龄的时候，孩子们都上大学甚至大学毕业参加工作了，做父母的终于可以安享晚年，好好过一过完全属于自己的生活了。"她那位 37 岁的丈夫则认为是 60 岁，但理由和她差不多。

一个 45 岁的男人说："25 岁，因为这个年纪精力最充沛，怎么熬夜，只要睡一觉，第二天照样精神奕奕。但你看我现在，身体很不好了，走上坡路都很吃力了。"

最后一位接受采访的是已经 89 岁的老太太，她的回答是："我认为，每一个年龄段都是最好的，尽情地享受当下的年龄，是最好的选择。"

是的，老太太说得没错，唯有当下的你的年龄才是最真实的。无论今天我们遇到了什么样的困难、麻烦、痛苦，都不应该逃避，而应该勇敢面对，积极解决。当你能用积极的心态去面对今天时，你才是真正地把握住了今天，你才真正拥有了今天。

美国著名的人际关系学家、作家戴尔·卡耐基曾为那些陷入忧虑、抑郁、焦躁、痛苦之中不能自拔的人开出过这样的"心灵药方"："活在今天的方格中。"意思是说，不为昨天烦躁，不为明天忧思。年轻的时候，卡耐基曾经历过人们难以想象的痛苦与贫穷，当人们请教他当初是怎样渡过难关时，他的回答是："我既然已经平安度过昨天，就一定可以熬过今天，而我从来不去思考明天会发生什么。"

在一座寺庙里有一个小和尚，他每天的工作就是打扫院子里的落叶。扫落叶并非一件美差，特别是在秋冬季节，每个起风的日子，树叶总是在空中翩翩起舞，落得到处都是。小和尚每天早晨都需要花费大量的时间才可以将落叶扫净，这让小和尚感到十分头痛。他一直没想到清理树叶的好方法，好让自己休息一下。

后来，一位老和尚给小和尚出了一个主意："你明天在打扫之前用力地摇树，将落叶全部摇下来，这样一次清扫干净，就不用每天干活了。"小和尚认为这个主意简直太妙了，于是他第二天早早起床，猛力地摇晃树，之后他将今天和明天的树叶清扫干净了。一整天小和尚都兴奋不已。

第二天，小和尚来到院子里一看，傻眼了，落叶还像往常一样多……

此时，禅师走过来拍拍小和尚的头，对他说："傻孩子，不管你今天如何用力地摇树叶，明天的落叶还是会飘落下来。"小和尚终于明白了，世界上的很多事情是不可以提前的，只有认真地活在当下，才是对人生最真实的态度。

许多人都喜欢为明天即将发生的事情烦心，想要提前一步将明天的烦恼解除掉。其实明天如果有烦恼，你今天是没有办法一下子解除掉的，每一天都有每一天的职责要尽，只需要全心全意做好今天的事情就可以了。

1871年的春天，威廉·奥斯勒爵士在医学院就读，此时的他十分迷茫，不知道下一步该怎样走，对自己的未来更是毫无把握。有一天，一句话让他眼前一亮："最重要的，就是不要去看远方模糊的，而要做手边最具体的事情。"此时的他才大悟：是啊，不管理想多么遥远，都要一步一步脚踏实地地走；不管工程多么浩大，都需要一砖一瓦堆砌而成。

从那天开始，奥斯勒开始刻苦读书，两年之后，他以全校第一的成绩毕业。毕业之后他来到一家医院做医生。他认真地对待每一位患者，对于每一次出诊都一丝不苟。他凭借着自己兢兢业业的工作态度与超高的医术，很快就成了当地的名医。几年之后，他还创办了一所学院，名叫约翰·霍普金斯学院。

他将自己的人生态度贯彻到每一个细节中。许多专家学者慕名来到他的学院工作，让他的学院很快成为英国乃至世界的知名学府。奥斯勒一直告诉身边的人：最重要的是将你手上的事情做好，这样就够了。

其实，奥斯勒想要表达的真正意思是：倘若我们想要为明天做出最佳的准备，就要将自己所有的智慧、热忱与能力全身心地投入到今天的工作中。这是我们为未来的工作所能做的唯一的准备。当然，这也是开创成功人生的关键。

的确，活在当下是一个人生命力的全部展现。当一个人从种种内心的困惑中走出来，毫不畏惧地面对自我的人生时，他一定会是一个有能力造福于世界的人，他一定可以成大事。

不冒点儿风险，哪来成功的机会呢

　　你可能不具备优越的环境和资源，但是你还具有一颗智慧和勇敢的心！只要你肯付出努力，不向命运妥协，那么属于你的成功之门就会被你打开。

　　19世纪美国著名盲聋女作家海伦·凯勒曾经说过："我用整个身心来感受世界万物，一刻也闲不住。我的生命充满了活力，就像那些朝生夕死的小昆虫，把一生挤到一天之内，生命或是一种大胆的冒险，或是一无所获。"

　　非洲的塞伦盖蒂大草原。每年夏天，由于干旱，上百万只角马都会向北迁至马赛马拉湿地。

　　迁徙途中，唯一的水源就是格鲁美地河。对角马群而言，这条河既蕴藏着生命的希望，又潜伏着死亡的威胁。

　　与迁徙路线相交的这条河，为角马群提供了维持生命的饮用水。然而河边繁茂的灌木丛和并不清澈的河水，却是猛兽们藏身的理想场所。在角马群扬起的遮天尘埃中，有的角马视线受阻，成了狮子利爪下丰盛的美餐。在看似平静的河面下，躲藏着非洲大陆上最冷血的杀手——鳄鱼。如果有的角马被马群的巨大冲击力挤入河中，等待它的就将是一张张血盆大口。即使它侥幸逃出了鳄鱼的伏击圈，也会因体力不支而遭受灭顶之灾。

　　有一天，在一处适宜饮水的河岸边又有一群角马远道而来。似乎是对潜藏的危险有所察觉，领头的几只角马停下步子不愿前行。每只角马都犹犹豫豫地向前几步，嗅一嗅，示警似的叫一声，又不约而同地向后退去，反反复复。终于，后面角马干渴的神经再也经不起水的诱惑，角马群拥挤着向前推进。不论是否出于自愿，"头马"们离水越来越近了。不知是迫于无奈，还是自恃强壮，一只年轻的角马"跃入雷池"，开始畅饮河水，肆无忌惮地享受着生命之源的滋润，而那些年长的角马即便被挤入水中也不敢放下戒心。

忽然，一只角马被汹涌的马群挤到了水深处，它惊恐的悲鸣惊动了角马群。在一阵骚动过后，角马群迅速离开了河边，回到了岸上。现在，角马群中的大多数成员只能继续忍受干渴的折磨——它们或是因为恐惧，或是无法挤出重围而没有喝到水。只有那些勇敢地站在最前面的角马得到了河流丰厚的奖赏。这样的情形，每天都在格鲁美地河的河岸边反复上演。

生活中的你是不是也如同角马一样？你因为什么而躲在了人群当中，克制着对成功的渴望？到底是对未知事物的恐惧，还是对潜在危险的担忧？抑或是你安于现状，甘愿过平庸的生活，从而放弃了追求？大部分人只肯站得远远的，看着别人享受成功的喜悦，而自己却艰难地忍受着。莫要让恐惧成为你的拦路虎，莫要等着别人推你，你才向前动一动，你一定要奋起而为。只有那些敢于冒险之人，才有获得成功的可能。

摩根大学毕业后和大多数年轻人一样，渴望成就一番事业。他在父亲好友开设的邓肯商行谋到了一份差事。在一次采购途中，摩根碰到了一次发财的机会。

那天，他穿过了新奥尔良的法国街，来到了嘈杂的码头。这时，码头上的工人正在忙忙碌碌地为两艘从密西西比河上游下来的轮船卸货、装货。

突然，他感到自己的肩膀被人拍了一下，转头一看是位陌生人。对方问他，想不想买咖啡。原来，这个人是往来于美国和巴西的货船船长，受人委托从巴西的一位咖啡商处运来了一船咖啡。没想到美国的买主已经破产，他只好自己推销。他没有这方面的经验，希望尽快卖出，如果谁给现金，可以以半价买下。

摩根的大脑飞速转动，反复思索后认为有利可图，他打定主意要买下这些咖啡。他带着一些咖啡样品去往新奥尔良所有与邓肯商行有联系的客户那儿进行推销。很多经验丰富的职员都奉劝他谨慎行事，这些咖啡的价钱尽管很让人动心，但是舱内的咖啡是否与样品一样，谁也不敢保证。在这之前就发生过欺骗买主的事。

不过，摩根已经下定决心要冒一次险，所以他也没有进一步去调查，就用邓肯商行的名义买下全船咖啡，并在发给纽约邓肯商行的电报上写道自己已经购买到一船廉价咖啡。

很快，邓肯商行回电对他的行为严加指责，不允许他擅自利用公司的名义做生意，勒令他立即取消这笔交易！气愤的摩根并未撤回交易，他决定自己干。摩根电告父亲，借来父亲的钱偿还了之前挪用的邓肯商行的钱。

这批货刚刚到手，巴西咖啡忽然大幅度减产，价格瞬间涨了两三倍。摩根抛售咖啡，赚了一大笔钱。虽然因"咖啡事件"摩根弄丢了邓肯商行的重要职位，但这件事却也证明了他的经商才干。日后他建立起了自己的商行——摩根商行。

很多时候，机遇就在别人认为不可以的地方，想要抓住机遇不仅需要智慧，更需要胆识。成功的商人常常会做出一些让人们目瞪口呆的、勇敢的变革或投资行动，有时几乎是以企业命运做赌注，冒着很大的风险。

1976 年，美国阿德尔化学公司推出了一种通用型的家用清洗剂——莱斯特尔。产品刚刚问世，总裁巴尔克斯就采用报纸、广播为其做广告。但令人失望的是，莱斯特尔的市场营销十分失败，在整个市场中，阿德尔化学公司 50 万美元的营业额所占的份额是非常微小的，这令巴尔克斯很是头疼。

经过一番思索，巴尔克斯又想到了电视广告，他决定选择晚上 6 点以前、10 点以后的广告"垃圾时间"。阿德尔化学公司的其他人一致表示反对，建议巴尔克斯选择黄金时间做广告，电视宣传主要是由黄金时间的广告节目构成的，只有肯花巨资购买黄金时间做广告，才能取得良好的宣传效果。

不过，巴尔克斯认为黄金时段广告众多，很难给观众留下深刻的印象。如果连续几个月都在"垃圾时间"播出莱斯特尔的广告，既能够节省一部分财力，又不会与其他广告节目冲突，反而能给观众留下深刻的印象。于是，他毅然与电视台签订了合同，每周利用 30 次"垃圾时间"高密度地做莱斯特尔的广告。

连续两个月利用"垃圾时间"播出广告之后，莱斯特尔在霍利约克市场上的销量有了非常大的提高。在随后的 4 年中，巴尔克斯在"垃圾时间"所做的广告宣传总量比可口可乐等多年雄踞广告榜首的大公司还要多。美国广告界宣称这是"不可思议的电视年"，莱斯特尔家用洗涤剂的销售额创下了高达 2200 万美元的利润。

美国传奇人物、著名的拳击教练达马托曾经说过这样一句话："英雄和懦夫都会有恐惧，但英雄和懦夫对恐惧的反应却大相径庭。"聪明的人知道风险不只是危险和苦难，更是机会和希望。只有鼓起勇气面对风险，风险才有可能被解决。不冒点儿风险，哪来成功的机会呢？

20 世纪最伟大的物理学家之一霍金也曾经说过："我发现，即使是那些声称'一切都是命中注定，而且我们无力改变'的人，在过马路前，都会左顾右盼。"

其实，我们每个人都知道自己的作为或者不作为，都会对人生产生巨大的影响。

从古至今，唯有那些勇于挑战现实的人，才能够成为优秀的人。或许你刚出生的时候就会面对贫穷与痛苦，你也可能不具备优越的环境和资源，但是你还具有一颗智慧和勇敢的心！只要你肯付出努力，不向命运妥协，那么属于你的成功之门就会被你打开。

勇气：

才华搭配胆略更容易助你心想事成

很多才华横溢之人都败给了恐惧

恐惧的影响，特别是当恐惧思想已经成为一种习惯时所带来的影响，会使人生活的动力枯竭。

　　我们经常可以看到不少才华横溢之人，由于遭受恐惧的抑制与阻碍，做起事情来总是束手束脚，最终庸庸碌碌地过完了一生。因为恐惧的肆虐，有些能力很强的人做出的努力都化成了泡影，成就事业之能力也被破坏。在十分短的时间内，恐惧可以令原本果决之人变得瞻前顾后、犹豫不决，令最能干之人变得胆小怕事、懦弱无为。

　　恐惧就像一个强盗，会掠夺人们内心的力量。它还会令人们的思维能力麻痹，使人们的天性、自信及热情遭受毁灭性的打击。它对一个人的思想、情绪和努力有着非常不利的影响，会摧毁人的雄心壮志。

　　某刊物的一篇文章写道：经过调查，在2500名调查对象身上，发现了7000多种恐惧类型。这些恐惧包括：害怕失去职位，害怕面临贫困，害怕染上传染病，害怕一些隐疾或遗传疾病发作，害怕健康每况愈下，对死亡、夭折以及无数迷信思想感到恐惧。

　　还有不少人单纯地害怕活着。他们害怕有一天会死掉，因此吓得要命。他们不清楚如何摆脱从出生到死亡一直困扰他们的、像怪物一样的恐惧。

　　成千上万的人一直在担心不幸会随时降临，即使在最幸福的时刻，他们依然为之苦恼。他们的幸福生活也因此染上了"毒素"，他们从未真正享受过快乐，也未找到过慰藉。恐惧与担心已经烙印在他们的生活中，如影随形，使他们变得懦弱不堪，做事情畏首畏尾，甚至丧失自我。

有些人几乎害怕所有的一切。他们害怕寒风侵袭，害怕着凉或感冒，害怕食物中毒，害怕生意亏本，害怕他人的言论。他们会害怕格伦迪夫人（英国剧作家托马斯·莫顿的喜剧《加快耕耘》中的人物，是一个拘泥于世俗、事事挑剔他人的人）之流对他们的看法，并为之惴惴不安。他们害怕世事艰难，害怕贫穷，害怕一败涂地，害怕庄稼歉收，害怕闪电和龙卷风。他们的一生都充斥着一个"怕"字。

还有许多人对某些疾病感到恐惧。他们想象疾病发生的可怕症状，想象疾病使个人魅力消失，还想象疾病带来的那些无法忍受的痛苦与折磨。长此以往，这些想象不断地带给他们暗示，影响他们的食欲，破坏他们身体的营养成分，降低他们身体的抵抗能力，使他们身上潜在的遗传病等疾病有机可乘。

1888年，美国佛罗里达州的杰克逊维尔爆发了流行性黄热病，弄得人心惶惶。这种恐惧很快转变成了恐惧症，蔓延到了美国南方各州。而恐惧症是一种精神疾病，比黄热病的传染性更强，更难控制与治疗。它席卷了美国南方好几个州里所有的小镇和村庄。许多人整天惶惶不安，最终丢掉了性命。

在囚犯的医疗史上有许多这样的案例。囚犯还未被执刑，却因为过于恐惧，在刚见到断头台或绞刑架后，就被吓死了。

在战场上，许多士兵以为会身受致命重伤而死亡，但实际上，子弹或炮弹根本没有沾上他们的身体，他们甚至连一滴血都没流。人们认识到，极度的恐惧可以让人在一夜之间白了头发：对即将到来的厄运或危险感到恐怖，会让人急剧衰老。

某医学杂志报道过这样一个案例：

一位德国医生骑马过桥时，看到一个男孩在水里挣扎，于是赶紧上前救援。当他把这个男孩救到岸边时，发现竟然是自己的儿子。第二天他的朋友竟然认不出他来，因为他的头发一夜之间全白了。

由于恐惧或者突然受到惊吓，在几个小时内或一夜之间头发变白的真实的事例数不胜数。

众所周知，恐惧的力量能促进血液循环和分泌物产生，从而使头发变白，甚至还会对神经系统起到麻痹的作用，最终造成死亡。一旦我们感到心情愉快，毛细血管就会松弛，血液循环就会顺畅。而一旦我们感到压抑、苦恼、忧伤、焦虑（这些实际上是不同程度的恐惧和焦虑），血管便会出现收缩的现象，导致血液循环受到阻碍。我们可以从一张张因为恐惧而变得苍白的脸上找到证据。

如果恐惧能让神经中枢遭受如此巨大的冲击，导致头发在几个小时内变白，那么长年恐惧、压抑和焦虑又会对我们的神经系统产生怎样的影响呢？虽然不至于让我们立即死去，却会逐渐地折磨我们，直到我们最终死亡为止。

长年焦虑简直相当于慢性自杀！很少有人会真正地意识到，长年焦虑会使我们的神经系统长期受到毒害。继承了前人数个世纪以来的经验、文化、科学成果的人们，仍然没有掌握摆脱恐惧、焦虑和担忧的办法，仍然饱受负面情绪的折磨，无法获得纯粹的幸福，这真是一件怪事！其实，我们只要转变一下思想，就能轻松地打倒它们，消灭它们。

谁能估算出遗传的暗示会给我们造成怎样的恐惧和痛苦？孩子们经常听人说起那些夺去先祖性命的痼疾，所以会自然而然地密切关注自己的身体是否会出现这些疾病的症状。

试想一下，一个孩子在成长的过程中，如果一直不断听人说起，他有着不幸的家族病史，他的父母死于癌症、肺痨或其他疾病，那么他就会相信自己迟早会死于其中某种疾病。由于一直担心自己可能会患上这些疾病，这个孩子会变得意志消沉，开始失去人生的活力。

生活在恐怖气氛中的孩子很难正常成长，发育也会停滞。他们的身体因此而发育不良，成长缓慢。在恐惧的影响下，他们的血管变得纤细，血液流动速度较慢，心脏功能较弱。

恐惧会使人沮丧、压抑，甚至会扼杀人的性命。一旦深陷其中，一个原本

积极、富有创造力的人也会变得消极、自卑，最终无法取得任何成就。恐惧的
影响，特别是当恐惧思想已经成为一种习惯时所带来的影响，会使人生活的动
力枯竭。

逃避现实，只会把事情弄得更糟

> 大凡成功的人，都是越挫越勇、越败越战的勇士。正是因
> 为这份冲天的勇气和不懈的奋斗，才铸就了他们日后的成功。

也许大家都听过一个关于狮子追鸵鸟的故事：有一只鸵鸟在散步的时候，遇到一只狮子要吃它。鸵鸟本能地拔腿就跑，狮子在后面紧追不舍。鸵鸟跑着跑着累了，于是它停了下来，把头埋进了沙子里，以为这样就可以解决一切。结果，狮子跑上来，把它吃掉了。

实际上，鸵鸟是可以避免被吃掉的厄运的。因为鸵鸟的速度可达时速70～80千米，并且，研究发现，逃命时它能跑得更快。而狮子的时速是80千米，但是鸵鸟可以以70～80千米的时速持续奔跑30分钟，狮子却只能维持几分钟。而且，鸵鸟的前爪强壮而锋利，必要时能把狮子杀死。但是，这只鸵鸟却忘了自身的优点，选择了逃避，所以，等待它的只有死亡。不敢面对现实，选择逃避的懦弱行为，不仅解决不了任何问题，而且只能让事情变得更加糟糕。

其实，从人的潜能方面来看，任何困难，只要我们敢于面对，积极思考，不轻易放弃，就能想到应付的方法。只是大多数情况下，我们都像那只鸵鸟一样，只看到了境遇的难度，却看不到自己能力的高度。于是，我们逃避现实，虚度时日，最终用沉甸甸的心理负担换来了毫无意义的未来，这又是何苦呢？

世间之事变化莫测，很难有几件完全顺利的事情。人生不如意的事时有发生，面对困境和挫折，很多人会退缩、逃避，或是做着祈求好运从天而降的白日梦。

这样，只会耽误时间，错失机遇，到头来一事无成。成功者敢于面对现实，在困难和挫折面前，他们从不逃避，而是勇敢地面对。

"松下电器"的创始人松下幸之助，在昭和四年，日本遭遇前所未有的经济大恐慌时期，所表现出来的行为正是勇者的作为，成功者的抉择。

那个时候，工厂连续不断地裁员倒闭，各种各样的劳资纠纷频频发生。这种经济衰退自然也对松下电器公司产生了不小的影响。经济的不景气，令"松下电器"的销售量锐减，库存越来越多，产品积压现象越来越严重。之前为了应对产品的畅销而扩招了员工，现在员工人数已超过了 300 人。这个时候，松下幸之助又因为生病住进了医院，公司就暂时交给了他妻子的弟弟——井植负责。在董事会上，井植等决策层都觉得，若想顺利地渡过该难关，只能大量地进行裁员，既然与以往的销售量相比，现在的销售量减少了 1/2，那么，只有将现在 1/2 的员工裁掉，才能够让公司存活下来。

然而，松下幸之助强烈反对这个建议。他没有逃避，而是选择了勇敢地面对现实，毅然决定采用缩短工时数的策略。松下幸之助拖着尚在病中的身体，对全体员工说："倘若每一个员工的工作时数减少 50%，那么生产量自然只剩下以前生产额的 50%，可是每一个人都还能有工作。希望每个员工将剩下的半天时间用来推广与销售产品，以便将存货过度积压的问题解决。"

因为松下幸之助的这个决定，可以让大家都放下心来工作，所以员工们都团结起来，努力奋斗，积极地为了公司的未来拼搏。结果，没多久，仓库中积压的商品居然都卖光了。之后，每个员工又在自己的岗位上认真地工作，努力地生产，最终，松下电器公司化解了这场危机。后来，他们还涉足了合成树脂业，并且开始生产收音机，这就为"松下电器"后来的发展奠定了坚实的基础。遇到困难与挫折，选择回避现实的人只能令未来更不如意。在这种情况下，唯有鼓足勇气，直面现实，人们才能将自身的潜能激发出来，将阻力化为动力，从而将乾坤扭转、转危为安。

每个人都有成功的愿望，都有致富的梦想。不过，只有立足于现实，以客观的态度积极思考的人，才能创造一番事业。但是，在现实生活中，并非每个人的梦想都能成真。想要实现梦想，人们就必须面对现实，尽一切努力实现理想。

那么，具体应该怎么做才算面对现实？才能更好地实现自己的梦想呢？

第一，平心静气，接受现实。

人生之路充满了许多不可预知的因素。面对这些因素，无论它们是否可以变为有利于我们向前进步的条件，我们都要勇于面对，接受现实，通过我们的努力，做出积极乐观的反应，这种态度才是可取的。

面对那些不理想的或糟糕的事实的时候，与其逃避或反抗，不如明智地接受它们。这样，我们就能把更多的精力放在创造出一个更丰富的生活上。每个人的精力都是有限的，我们要把更多的精力放在面对并接受现实上面，这样才能创造一个新的生活。因为只有接受现实，认清自己，承认差距，找到弥补不足的办法，找到连通现实和梦想的阶梯，才能改变现实，登上梦想的圣殿。

第二，积极思考，明确方向。

每个人都有自己美好的理想，能做自己想做的事，能成为自己想成为的人，能为自己而活，活得充实而无所求，才是真正没有辜负自己的生命。然而不得不承认，很多时候，现实与自己的理想相差太远，要协调好理想与现实的关系，就需要我们能积极地思考。在理想与现实出现矛盾时，要给自己一些时间，让自己好好地想一想："我想要做什么？现在具备哪些条件？实现目标又还差哪些条件？实现理想的计划如何？应该分成哪些阶段和具体的实施步骤？"当我们想清楚这些问题后，对自己要做怎样的选择，以及日后努力的方向在哪里，都会有一个明确的判断。

第三，将自己的计划付诸行动。

虽然树立高远的理想很重要，但是，制订切实可行的计划和具体的实施步骤更为关键。我们要将计划和现实情况结合起来，确认是应该边工作边学习，还是从一个能接近理想的职务做起，怎样安排日常的工作和个人的学习，是自学还是参加辅导培训班等。

通常来说，计划应该包括内容分配表和时间安排表两个方面，计划越细致越好，而且应该留有余地和实施的弹性。内容就是我们应该做的事，具体可以是实现理想所需的条件或需要达成的工作。时间表中应该注意，在工作和学习的时间中要保留充足的休息时间，不要顾此失彼，得不偿失。

除此之外，在行动的具体过程中，我们还应该保持一种良好的积极心态。对自己一定要充满自信，严格要求自己，让自己每天都有所付出并有所收获，每天都能更接近理想。而且，在需要的时候我们也要适当地调整自己的计划，使它变得更科学可行。不要三心二意，要身体力行，以具体的行动来代替毫无意义的忧虑和杂念。正确对待可能的失败，只要我们用心、尽力而且务实地向着目标前行，相信这次的失败就意味着下次的成功。

无数的事实都告诉我们：无论遇到什么，挫折也好，彷徨也罢，都要敢于面对现实，勇于直击磨难。逃避现实，就等于自取灭亡。大凡成功的人，都是越挫越勇、越败越战的勇士。正是因为这份冲天的勇气和不懈的奋斗，才铸就了他们日后的成功。

所有问题都会解决的，请学会坚强

在遇到困难或者挫折时，不要恐惧，也不要过于担心，只要你不轻易放弃，总会有办法解决的。

人生不可能一帆风顺、每天都艳阳高照，总是会遇到些许挫折与烦恼。一旦遇到麻烦与困难，你一定要学会坚强，因为所有问题都会解决的。"所有问题都会解决"，这句话看似十分简单，实际上却是非常有道理的。

在世界职业足球领域，提起梅西，可以称得上是一位家喻户晓的人物。20岁的梅西拥有着169厘米的身高，68千克的体重，被誉为"又一个马拉多纳（马拉多纳，世界足球运动发展史上最伟大的运动员之一）的化身"。对于梅西，马拉多纳是这样评价的："梅西是一个天才球员，有着不可限量的前途。"

12岁的时候，梅西来到了巴塞罗那俱乐部，在青年队里磨炼了5年，然后进入了一线队。2004年，在南美青年足球锦标赛中，他因为打进7球，获得了"最佳射手"的荣誉。很快，他便与刚刚获得"世界足球先生"的罗纳尔迪尼奥一起成为巴塞罗那队边路最为活跃的"棋子"。有些时候，与罗纳尔迪尼奥相比，梅西的光芒甚至更胜一筹。毫无疑问，不到20岁的梅西就已经是巴塞罗那队和阿根廷队未来的中流砥柱。

不过，你肯定不清楚，梅西也有一段极其痛苦的经历。作为天才球员，他差点儿由于身体原因而被埋没了。这是怎么回事呢？我们还是从头说起吧。

1987年6月24日，梅西降生在阿根廷圣塔菲尔省罗萨里奥市一个贫穷的家庭中。他从小身体就十分孱弱，因为梅西上面还有两个哥哥，所以妈妈没有足够的精力对柔弱的梅西进行照顾。于是，妈妈就将小梅西寄养在辛迪亚家。就这样，梅西与辛迪亚从幼儿园到小学始终生活在一起，辛迪亚见证了梅西童年所有的快乐与忧伤，被梅西认为是世界上唯一能倾诉的对象。

辛迪亚是梅西最为痴心的球迷，珍藏着梅西穿过的各式各样的球衣。那些球衣是梅西为各家俱乐部效力时所穿的，是梅西送给她的。

辛迪亚经常坐在很高的看台上，看着梅西的比赛。她是最早、最坚定地相信梅西是具有相当高的足球天赋的人。那段时光是那么的幸福，那么的美好。然而，天有不测风云，梅西在 11 岁的时候被查出患有荷尔蒙生长素分泌不足的病，这将对其骨骼的健康生长与发育产生很大的影响。换句话说，他将在长到 1.4 米的高度后停止生长。小梅西所属的阿根廷纽维尔斯老男孩俱乐部拒绝再为还没有成名的梅西掏钱治疗。在这种情况下，梅西不得不与父亲离开家乡，前往西班牙寻求帮助。那是极其绝望的辞行，小梅西与辛迪亚抱在一起大声痛哭，辛迪亚安慰他说："不哭不哭，小不点儿，你必须坚强点儿，所有问题都会解决的。"

小梅西的情况果真有了好转。通过治疗，梅西的个头长到了 1.7 米左右，并且在西班牙巴塞罗那过得很好。他的天赋极好地展现了出来。时任巴塞罗那队主教练的里杰卡尔德对他表示了肯定，其他教练也给予了他不少赞誉，甚至马拉多纳还亲自打电话鼓励他，这些无一不在昭示着：与以前相比，梅西已经完全不同了。罗纳尔迪尼奥曾说："我的背上，只有梅西才能够骑，因为我们是好兄弟。"

如今，梅西由于足球已经成了媒体、教练、球迷喜爱的宠儿。然而，在梅西的内心深处，他永远都不会忘记辛迪亚曾经说过的话："小不点儿，你必须坚强点儿，所有问题都会解决的。"

曾经有一个叫玛丽的女孩，她从祖父那里得到了一座"森林庄园"。然而仅仅过了一夜，一场因为雷电引发的山火，将庄园全部烧毁了。玛丽陷入了一筹莫展的境地。她经受不住这样沉重的打击，整日闭门不出，也不吃饭，眼睛也浮肿了起来。

半个多月后，年逾古稀的外祖母知道了玛丽的境况，便意味深长地对玛丽说："姑娘，庄园变成了废墟并没有那么可怕，坚强一点儿，所有的问题都会解决的……"在外祖母的劝说下，玛丽终于想通了。

她独自一人从庄园走出来，在街上闲逛。在街道的一个拐弯的地方，她看见一家店铺门前有很多人。原来，有很多家庭主妇正排着队要买木炭。看到那躺在纸箱中的一块块的木炭，玛丽的脑海中突然闪现出一丝光亮。接下来的两周内，玛丽花钱雇用了几个有经验的烧炭工，对自己庄园中已经烧焦的树木进行加工，使之变成优质的木炭，然后再将其送到集市上进行销售。

结果，玛丽的木炭迅速被抢购完了，她获得了一笔数额巨大的收入。然后，她又利用这笔钱购买了大量新树苗。就这样，一个规模不小的全新庄园诞生了。几年以后，玛丽的"森林庄园"再一次绿意盎然。

许多人在面对挫折的时候总是下意识地选择悲观失望，对自己的未来心灰意冷，失去向上的信心。其实，这大可不必，要知道，只要你足够坚强，不断努力，所有的问题就会解决。

戴尔·泰勒是西雅图一所很有名的教堂里的一位德高望重的牧师。有一天，他十分郑重地向唱诗班的孩子们宣布：他将邀请能背出《圣经·马太福音》中第五章到第七章所有内容的人，到西雅图一家高级餐厅享受免费的自助餐。

虽然不少学生都想到那里享受一次美味的自助餐，但因为《圣经·马太福音》中第五章到第七章的内容不仅字数太多，而且也不押韵，背诵起来简直太难了，所以绝大多数的人都选择了放弃。

很快，一个星期过去了，当一个只有 11 岁的男孩来到牧师的面前，将其要求的内容全部背诵出来，并且没有出现任何差错的时候，泰勒牧师震惊极了。更令人感到意外的是，到了最后，这个小男孩的背诵已经变成了满腹深情的朗诵。泰勒牧师的心中非常清楚：即便是成年的信徒，也几乎没有人能背诵出来这些内容，对于孩子来说，其难度简直如登天一般。

"孩子，为何你能够将那么难的内容背诵出来啊？"泰勒牧师疑惑地问这个令人惊叹的小男孩。

"因为我实在太想吃自助餐了。"男孩非常稚嫩的声音中透着坚定。

这个男孩叫比尔·盖茨。16 年之后，他创办了令全球人耳熟能详的微软公司。

别人不能做到的事，你就一定不能做到吗？很显然，答案是否定的，只要你对自己充满信心，并且竭尽全力去努力，那么，一切皆有可能。因此，在遇到困难或者挫折时，不要恐惧，也不要过于担心，只要你不轻易放弃，总会有办法解决的。

勇气是成功的钥匙

> 勇敢的人拥有上进心，敢于去尝试，能勇敢地面对一切，不怕任何的艰苦，于是他们抓住了机遇，成了命运的主人，造就了一番成就。

没有了财产，你可以从头再来；但没有了勇气，你就丧失了前进的动力。"路漫漫其修远兮，吾将上下而求索。"只要你鼓足勇气去干，那么就意味着你已经成功了一半，不敢尝试的人永远不可能做出一番宏伟大业。

从古今中外成功人士的人生轨迹来看，他们都是有勇气去尝试，有勇气挑战生命的勇士。他们的人生非常坎坷，他们经历了无数的大风大浪，但是每次风浪的到来，都携带着机遇。他们将许多困难重重的机遇转变成了现实生产力，别人不敢想、不敢做的，他们敢于去想、去做，正是因为他们有这样的勇气，他们才成功了。

卡耐基这位成功的创业者，凭借自己聪明的才能和善于抓住机遇的能力，让自己逐渐地变强变大，成为天下有名的大富翁。

卡耐基还在宾夕法尼亚铁路公司西段担任秘书之职时，一天，宾夕法尼亚铁路西部管理局局长斯考特先生突然问卡耐基："你能筹到500美元吗？"当时卡耐基的父亲刚刚去世，在支付了医疗费和丧葬费后，他只剩50美元了。斯考特看到他困窘的样子，便说："我有一位朋友过世后，他太太把遗产的股份卖给了一个关系很好的朋友的女儿。现在这个女子急需钱，想转让股份，是亚当斯快运公司的

10 股股票，需要 500 美元。红利是一股 1 美元……"

"这么多钱我实在是筹不到。"卡耐基非常无奈。

"那好，我先为你出这笔钱，你一定要买下这些股票。"斯考特先生始终想让卡耐基做这笔生意。

第二天，斯考特先生有些犹豫了，他问卡耐基："不好意思，人家现在要卖 600 美元。你还要吗？"

卡耐基这次变得很坚定了，说："要，我肯定要。麻烦你先帮我付 600 美元。"因为斯考特先生昨天那么坚决的支持，让他坚定了信心，决定去拼一次。

卡耐基用股票做担保写了一张 600 美元的借条，半年的利息为 10 美元，给了斯考特先生。

半年后，卡耐基母子勤俭节约，到处筹借，通过各种方法总算还清了借款。过了一段时间，卡耐基收到了一份装着 10 美元红利的支票，他把这个交给了斯考特先生，将其作为借款的利息。卡耐基感觉自己完成了一项无比伟大的事业，很有成就感。

有一个设计师，名字叫作伍德拉夫。在一个偶然的机会中，他找到了卡耐基，向卡耐基介绍他设计出的一种卧铺车，适合旅客夜间旅行。在当时这种车是比较先进的。卡耐基把他带到了斯考特的办公室，斯考特看了这个设计后，很有兴趣，于是与伍德拉夫达成了协议。

伍德拉夫说："你们要是想制造，就付给我设计费和专利使用费。"斯考特答应了，同时还提出要求："请伍德拉夫快点制造出两节来。"

从斯考特办公室走出来后，伍德拉夫对卡耐基说："卡耐基先生，你想不想与我合作这笔生意呢？我计划开一个卧铺车车厢制造公司，你只需出 1/8 的资金……也许这对您来说有些困难，你第一次仅仅需要给 217.5 美元，第二年按照同额的比例给钱就可以了。换句话说，随着订货的增多，再增加投资的金额……"

卡耐基很想与他合作，于是走访了匹兹堡银行，申请贷款。银行对他的这个方案也很感兴趣，说愿意借钱给他，但是将来他赚了大钱，一定要存入匹兹堡银行。

试投产后，卧铺车厢的订单很多，很多铁路公司都很看好这种新车型。卡耐基投入 200 余美元，一年内就获得了 5000 美元的红利。

卡耐基当初花 600 美元买的股票，3 年后，就变成了 500 万美元，他由 3 年前的一个穷小子变成了富翁。他卓越的才能使他的事业一步步走向辉煌。

机遇通常都意味着挑战，当机遇到来的时候，一定也是带着风险的。要想把机遇变成利益，并不是一件容易的事情。这样的机遇可能很多人都遇上了，但是他们也看到了巨大的困难和风险，于是退缩放弃。能勇敢面对困难和风险，敢于尝试的人很少。

敢想、敢闯、敢尝试的勇者才会拥有机遇。很多人习惯拾起大路边的机会，因为大路边的机会风险相对较低。通常很少有人愿意啃"难题"，但是难题中孕育的却是大机遇。一些人是因为害怕难题而不插手，还有些人是没有发现难题中的大机遇。其实，抓住一个"难题"要比解决若干个简单的问题更有利。

大家都知道，胆小者总是前怕狼、后怕虎，遇上事情时，总是向后退。看上去似乎是明哲保身了，但机遇也与他擦肩而过了，他只能独自暗暗叹息。勇敢的人拥有上进心，敢于去尝试，能勇敢地面对一切，不怕任何的艰苦，于是抓住了机遇，成了命运的主人，创造了一番成就。因此，无论何时你都要谨记：勇气是成功的钥匙，要做一个不畏恐惧、敢想敢做的勇士！

胆子越大，越容易成功

胆子越大，越容易成功。适当的冒险，能够大大缩短走向成功所花费的时间。只要这险冒得对，冒得好，最后，必定会如你所愿，以成功结尾。

韩国现代创始人郑周永说过："世界的改变，生意的成功，经常属于那些能够勇敢地抓住稍纵即逝的时机，勇敢地选择冒险的企业家。"胆大，或许有一定的风险，但可以得到十分可观的收益；胆小，可能没有一丝风险，却也不可能有什么收益。也就是说：胆大表面看来就是"找死"，但也可能是置之死地而生；胆小却真的是眼睁睁地等待着死亡的降临，而且还是一定会死。所以，人们常说："胆子越大，越容易成功。"

当然了，倘若你是一个"胆小"之人，最终并不一定真的会被饿死，却不会有什么大的成功，只能庸庸碌碌地过一辈子。大量的事实已然证明："胆大包天"之人并不一定能拥抱成功，但是取得成功之人一定是"胆大包天"的人。

日本三洋电机的创始人——井植岁男曾经说过一个故事：

有一天，他与自家的园艺师傅聊起了天。当时，那位园艺师傅对他说："先生，我看您的生意做得越来越大，而我却好像趴树上一动不动的蝉一样，一辈子都离不开树干，简直太糟糕了，您能教我一些创业的诀窍吗？"井植点了点头，回答道："当然可以！我看你非常适合做园艺工作。这样，我的工厂旁边有一处空地，大约有 2 万多平方米，我们一起合作种树苗吧。"

"一棵树苗需要多少钱？"

"40元左右。"

井植又说："我可以先支付树苗成本和肥料费用，大约100万元。之后，除草施肥的工作由你来负责。3年后，我们就可以获得600多万元的利润，到时候我们每个人能分到300多万元。"

园艺师听后却连连拒绝说："啊，这么大的生意啊，我可不敢做！"

最后，他仍然在井植家里栽种树苗，按照月份挣工资，过着普通人的生活。由于缺少胆量，这位园艺师傅居然与这个大好的致富良机擦肩而过。

所谓"胆量"，说得通俗一点儿就是敢想别人不敢想的事情，敢做别人不敢做的事情。一句话，就是你敢做别人不敢的事，这便是胆量。对于想要进入成功殿堂的人来说，胆量是不可缺少的。因为这个社会是极其复杂的，我们需要面对的问题与矛盾有很多。在对这些问题与矛盾进行处理、解决的时候，不仅需要智慧、经验、谋略与才干，更需要的是胆量。唯有胆大的人，做起事情来才会十分果断，才更容易取得成功。

犯了错误后，勇敢承认，积极改正

一个敢于承认自己错误的人往往更容易获得人们的谅解，

而一个掩饰自己错误的人往往不能获得人们的原谅。

古人云："人非圣贤，孰能无过？"人的一生不可能什么事情都能做对，总有做错事的时候。做了错事固然令人不喜，但倘若做错之后还想方设法地进行掩盖以躲避谴责，那么就更令人厌恶了。因此，做错了，就得认错。

1954 年，杰克年满 12 岁。他是一个非常懂事又十分勤劳的孩子，经常利用空闲时间给周围的邻居送报纸，以此赚取一些零用钱。

在他负责送报纸的客户里，有一个看起来很慈祥且心地很善良的老夫人。现在，关于这位老夫人的名字，杰克已经记不清楚了，但杰克仍然极其清晰地记着她给自己所上的那堂相当有价值的人生课。杰克从未忘记过此事，总是希望有一天能将其讲给别人听，使他们也能从中获得教益。

在一个阳光明媚的午后，杰克与一个小朋友悄悄地进了那位老夫人的后院，并且还拿着石头朝着她的房顶扔去。他们兴致盎然地看着那一个又一个石头好像子弹一样飞射出去，又仿佛彗星一样从天上落在老夫人的屋顶上，同时发出非常响的声音。他们感到既有趣又好玩。

这个时候，杰克又捡起一颗小石头，当他扔出去时，石头冲着那位老夫人后廊的窗户飞去。只听"哐啷"一声，玻璃碎了。杰克与那个小朋友都被吓了一大跳，他们立即像兔子一样逃跑了。

那天晚上，杰克在自己的床上翻来覆去，怎么都睡不着，只要一想到那位老夫人家的玻璃被自己打碎了就非常害怕，他非常担心那位老夫人会将自己抓住。在杰克的不安与恐惧中，很多天过去了，老夫人那里没有任何的动静。杰克已经确定没事了。但是他内心深处的罪恶感却一天比一天多。他每天给那位老夫人送报纸时，对方依旧面带微笑地与他打招呼，而杰克却感到非常不自在。

于是，杰克做了一个决定——将送报纸赚来的钱攒起来，然后给这位老夫人修理窗户。很快，3周过去了，他已经攒了7美元，他觉得这些钱已经够了。他先在一张便条上写清楚了这件事情的来龙去脉与自己的歉意，希望可以获得她的原谅，然后将钱与便条一同放到了一个信封中。

杰克一直等到天色完全黑了才悄悄地来到那位老夫人的家，将那个信封放入老夫人家门口的信箱中。他觉得自己的灵魂得到了解脱，认为可以无愧地面对老夫人了。

第二天，杰克又去给那位老夫人送报纸，当他见到老夫人时，十分坦然地与之打招呼："您好，夫人！"这位老夫人看起来十分高兴，对杰克说了一句"谢谢"后，将一袋饼干给了杰克，并且说道："这是我给你的礼物。"

杰克吃了许多块饼干后，忽然发现饼干袋中藏着一个信封。他小心翼翼地打开那个信封，惊讶地发现里面居然装了7美元与一张彩色的信笺。在这个信笺上有一行很大的字："诚实的孩子，我为你感到骄傲。"

一个敢于承认自己错误的人往往更容易获得人们的谅解，而一个掩饰自己错误的人往往不能获得人们的原谅。因为做错事可能不是故意的，但回避错误肯定是有意的。敢于承认错误的人表明他已认识到自己的错误，今后也能够减少错误。所以，敢于忏悔与认错的人，值得我们尊敬。

有一年夏天，当时担任连长之职的杨得志因为一时大意导致枪走火，误伤了一名民工。面对这种情况，他马上如实向上级做了汇报，并且主动在军人大会与支部大会上做了非常深刻的检讨。最终，他受到了这样的处分：留党察看一个月与行政记过一次。

不过，没过多长时间，上级就将对他的处分撤销了。有些同志说，既然已经撤销了处分，那么就不用再写进档案里了。而杨得志却说："处分是可以撤销的，但教训是不能忘记的。犯错误、受处分当然不是好事，但人生一世很难保证不犯错误，重要的是从错误中吸取教训，引以为戒，以后少犯错误或不犯大的错误。而且，让组织上和同志们了解自己犯过的错误，则是一件好事。"后来，每次填写登记表的时候，他都会将这个已经被撤销的处分写进去。

杨得志光明磊落、严于自律的高尚情操很值得我们学习。现实生活中，很多人怕讲缺点、讲问题，担心讲多了会影响自己的面子和"进步"。他们有的在做自我批评的时候遮遮掩掩、蜻蜓点水，隔靴搔痒地说一些不痛不痒的话；有的对犯有过错的人，以保护其"积极性"作为借口，不给予任何的批评与处理。这种做法实际上是不负责的表现，发展下去必然害人害己。一个敢于正视自己的过错，敢于直面存在的问题的人，才能够真正吸取教训，放下包袱轻装前进，不断取得进步与提高；才能不断在发现问题、解决问题中求发展。

在职场中亦如此。作为员工，勇敢地承认自己所犯的错误，不仅不会惹怒领导，而且还能够让领导看清楚你的为人，对你的勇气与责任感产生欣赏之情，甚至还可能对你另眼相待，对你加以重用。作为领导，从表面上来看，主动承认错误看似是将一切责任都揽在自己的身上，使自己变成了众人谴责的对象，但实际上却可以让员工们感受到你的人格魅力，从而赢得大家的敬佩。从更深层次来看，一个人敢于承认自己的错误，他就可以从错误中吸取有用的教训，获得宝贵的经验，及时地改正错误，更好地弥补错误造成的损失，从而站在一个新起点迎接新的挑战。

"海尔集团砸冰箱"的故事，在中国企业界家喻户晓，被很多企业视为经典案例来学习。

1984 年，张瑞敏临危受命，接任当时已经资不抵债、濒临倒闭的青岛电冰箱总厂厂长。1987 年，青岛电冰箱总厂获得了外贸出口的许可。因为产品的价位不高，而且具有很强的实用性，所以，青岛电冰箱总厂生产的冰箱很受德国消费者的欢迎。随之而来的便是大量的订单，工人们没白天没黑夜地生产，赶制订单，可惜在产品的质量上出现了纰漏。

出口仅仅开始 3 个月的时间，德国客户就向青岛电冰箱总厂投诉产品的质量问题，德国一些商家推掉了后续的订单，并向青岛电冰箱总厂索赔。对于这件事，张瑞敏受到了很大的触动。为了挽回青岛电冰箱总厂的信誉，重新树立青岛电冰箱总厂的品牌形象，张瑞敏决定将总厂内即将出口的冰箱统统用铁锤砸烂。当一些老工人得知张瑞敏的决定时，很多都流着眼泪劝说道："现在国家物资这么缺乏，况且冰箱只是外观上有些问题，外国人不接受，可以发给大家回家用啊，都砸了就太可惜了！"但是，张瑞敏还是固执地砸下了第一锤，之后便让厂里的工人们每人都砸一锤，以示警诫。

随后，青岛电冰箱总厂先后合并了青岛电冰柜总厂和青岛空调器总厂，于 1991 年 12 月 20 日成立海尔集团，进入了多元化发展的战略阶段。海尔集团在产品的质量上要求精益求精，最后发展成为世界著名的白色家电制造企业，成为一家具有相当高价值品牌的跨国集团。

歌德曾经说过："最大的幸福在于我们的缺点得到纠正和我们的错误得到补救。"不管是企业，还是个人，在犯了错误之后，要勇敢地承认，积极改正，这样才能有更大的进步，才会有更辉煌的明天。

与自己斗，其乐无穷也

唯有对自身的缺点予以正视，看清楚自身的劣势，自觉与
他人的优势进行对照，深入地对自身的弱点、缺点以及错误进
行剖析，才能够知道差距在什么地方，才能够知耻而后勇。

常言道："人生最大的敌人是自己，人生最大的失败是被自己蔑视。"《道德经》
中也有记载："胜人者有力，自胜者强。"这句话的意思是：能战胜别人只不过是有
力量的表现，而能战胜自己才能称得上是强者。人若想取得进步，拥抱成功，就
必须要战胜自己。那些敢于战胜自己之人才算得上真正的英雄。

人都是有惰性的，总是会找到各种借口为自己的不努力开脱。人们经常会犯
这样的错误：为了能让自己多睡半个小时，总是把自己的健身计划抛之脑后；为了
贪图舒适，总是拿"学习是长期的任务，不在乎这点时间"当借口；为了贪图享
乐，不能克制自己无节制地吃喝玩乐等。看起来是一些小事，但是如果我们不能
克服自身的这些小毛病，怎能最终战胜自己，有所成就？如果一个人要想最终战
胜自己，实现人生的跳跃，必须从小事中约束自己，从克服自己身上的小缺点开
始，这样才能最终实现战胜自己这个最终目标。

每个有成就的人，也许并不是最聪明的人，但他们往往都是最懂得自制，懂
得战胜自己弱点的人。

1955 年，张海迪出生在济南的一个家庭。在 5 岁的时候，她非常不幸地患上
了脊髓病，导致胸部以下全都瘫痪了。从那个时候开始，张海迪的人生开启了与

众不同的篇章。

面对异常残酷的命运，张海迪并没有灰心丧气、萎靡不振，而是以顽强的毅力与坚持不懈的努力与疾病进行斗争。尽管经历了十分严峻的考验，她依然对自己的人生充满了无限的信心。尽管她当时没有走入校园，但她却努力学习，将小学、中学的所有课程学完之后，自学了大学英语、德语、日语与世界语，并且攻读了大学与硕士研究生的课程。1983年开始，张海迪相继翻译了数十万字的英语小说，比如《海边诊所》《丽贝卡在新学校》等，同时也开始了自我创作，著有小说《轮椅上的梦》，散文集《向天空敞开的窗口》《生命的追问》等，而《生命的追问》出版后不到半年的时间，就已经加印了4次，荣获了全国"五个一工程"图书奖。

为了能更好地为社会做贡献，她先后自学了十多册医学专著。与此同时，她还求教于经验丰富的医生，最后掌握了针灸等医术，免费为人民群众治疗达1万多人次。

1983年，张海迪在《中国青年报》发表了一篇名为《是颗流星，就要把光留给人间》的文章。因此，张海迪享誉中华，得到了"八十年代新雷锋"与"当代保尔"两个美誉。

张海迪的命运是不幸的，病魔夺去了她正常人的身体，但是她是坚强的，她没有因为自己身体上的残疾而自暴自弃，她用自己的坚强意志走出了比正常人更精彩的人生之路。她是自己的英雄，更是大家的榜样。

无独有偶，与张海迪一样家喻户晓的还有南京的张雪萍。她的经历几乎与张海迪如出一辙，被很多人称为"南京的张海迪"。

张雪萍出生的时候，与其他孩子并没有什么不同。可是，在一场高烧后，她突然下不了床，最终被医生确诊为小儿麻痹症。张雪萍的父母一直坚持带女儿四处求医，但是没有很好的效果。张雪萍只能靠双拐走路。

张雪萍很伤心，但是她没有放弃，而是要跨越这个困难。于是她下定决心，一定要让自己能真正地"走"起来。

张雪萍在医院接受手术治疗腿疾的4年里，不知道做了多少次手术。最终手术成功了，张雪萍终于能真正地走起路来了。可是，因为对双腿的骨骼做了大面积的改造，她每迈一步都感觉钻心地疼。但是，她并没有放弃，一直坚持锻炼。终于，她可以真正地走路了。虽然不能像正常人那样健步如飞，不过张雪萍已经很满足了。

张雪萍的创业故事要从帮父亲卖布说起。当时，她父亲进的布有的不好卖，张雪萍就拿回去裁裁剪剪，给自己做衣服。没想到，她一穿到店里，便有很多顾客围过来，问她衣服是在哪儿买的。她说，是用店里的布自己做的。顾客纷纷买下她的布，请她照着那个样子做，很快，积压的布就卖出去了。

张雪萍发现了其中的商机。她凭借自己设计方面的天赋，注册了自己的第一家公司——圣梓龙实业有限公司，生产销售自己设计的服装。

创业初期，张雪萍为了节省资金，在自己去挑选面料时，都不舍得花几十元找家小旅馆歇歇脚。因担心路上上厕所麻烦，她连水都很少喝。

她面临的困难如此之多，但是，她始终没有想过要逃避。最终，张雪萍凭借自己的努力，终于有所成就。

张雪萍自幼双腿瘫痪，而今天的她，不但战胜了残疾，成了一家公司的老板，还为30多名残疾人提供了就业岗位。在她的企业中，有一群优秀的MBA管理人才。吸引这些优秀人才的，正是张雪萍敢于挑战自己，勇于克服困难的精神。

虽然是个残疾人，但她身残志坚，坚韧不拔，敢于挑战自己。她积极面对人生中的风雨，扬长避短，战胜了自己，用自己的努力证明，自己并不比别人差。

战胜自己一定要有高远的志向，坚定的信念。远大的目标能焕发出激昂的斗志，不懈的努力能征服任何艰难困苦。一个人只有高标准严格要求自己，付出滴水穿石的努力，才有可能达到理想的彼岸，做到"有志者事竟成"。任何朝三暮四、浅尝辄止、听天由命、随波逐流的态度，都将会导致功亏一篑，以失败告终。

战胜自己必须要见贤思齐，知耻而后勇。人应当有自知之明，正确而全面地认识自身的优劣长短。人唯有对自身的缺点予以正视，看清楚自身的劣势，自觉与他人的优势进行对照，深入地对自身的弱点、缺点以及错误进行剖析，才能够知道差距在什么地方，才能够知耻而后勇，努力地将自身消极的东西清除，在自省当中进行自我勉励，在反思当中进行自我提高，在提高当中不停地战胜自己。

战胜自己一定要积极进取，永不放弃。古人云："业精于勤荒于嬉，行成于思毁于随。"敢于突破自我、战胜自我之人，必然是生活的强者；而朝三暮四、随波逐流之人，必然是成功者的"跟屁虫"，永远跟着别人的脚步。

战胜自己是一个非常漫长而又十分艰苦的过程，没有任何的捷径可以走，那些一劳永逸、一步登天的想法，都与实际不符，纯属愚蠢的幻想。要知道，无限风光在险峰。唯有那些不惧危险，敢于攀登之人，才能体会到其中的乐趣与幸福。

精彩的人生没有坦途

做人要懂得知足，懂得珍惜，遇到逆境的时候不能消极，
要能经受住挫折，看到人生的积极面。

"我们一定会好起来的！"影片《当幸福来敲门》中的主人公克里斯一直在强调这句话。片子的背景选在了八十年代初的美国，整个社会才开始慢吞吞地从战争带来的经济萧条中复苏。黑人、婚姻破裂、受教育程度低……背负这些身份背景的克里斯足以反映出一些美国当代社会的残酷现实。因为没钱，他任性逃掉了出租车费；为了区区14美元他和朋友翻脸；为了晚上有栖身的地方，他蛮横无理插队……生活时常会让他感到艰辛，但是无论面对多少挫折、困难，克里斯一直对儿子重复着：我们一定会好起来的。

机缘巧合之下，克里斯对证券工作产生了兴趣，之后，他无时无刻不在努力制造机会，争取面试。他亲自上门递交申请书，为了与负责人同路而坐上同一辆出租车，意外地让负责人发现了他玩魔方的天赋，从而获得了面试的机会。

在获得面试机会后，克里斯却因为停车罚款被警察拘留，因拖欠房租和房东讨价还价，最后用为房东刷墙换取了延迟一周缴纳房租。因此，当不得不穿着沾满油漆的工作服，出现在各位西装革履的面试官面前时，他也丝毫没有退缩。

在获得试用资格后，克里斯不但需要每天接送孩子上学，还要顾全工作。因此他比其他的试用员工都更加努力，拼命地挤出时间去联系潜在客户。

以上所有的这些挫折，克里斯都只是把它们当作是生活中的考验。所以最后，

他收获了幸福。

宝剑锋从磨砺出，梅花香自苦寒来。所有的不顺利，都只是一时的。跳出悲观的心态，以积极的态度去面对，你就会有坚定的信念，就能把握现有的一切，获得幸福感。

无数的事实告诉我们，面对挫折与逆境，应该注意以下 3 点。

1. 要对挫折有一个正确的认识

我们应该知道，在人生路上，因为各种客观环境的影响，比如，高考落榜、事业无成、身患重病、家有变故等，再加上诸多主观条件的限制，我们随时都可能会遭遇或大或小，或轻或重的挫折。这是一种十分正常的现象，我们每个人都逃避不了。我们要深刻地认识到这点，在遭遇挫折的时候，思想上要有一定的准备，不要过于惊慌，要沉着冷静地面对。

2. 挫折带来的不一定只有坏处

对于我们每个人来说，在现实生活中，适当地遭遇一些挫折，并不一定就是坏事，因为挫折可以对我们的意志加以磨砺，可以帮助我们克服困难，将逆境扭转。古人经常说"多难兴才""人激则奋"，说的就是这个道理。反过来讲，倘若一个人不经历任何的磨难与挫折，一生都顺顺利利的，就好像那些生长在温室中的娇弱的花朵，没经历一点儿风霜雨雪，那么他极其容易被一时的困难与挫折打倒。这类人很难成才，也很难做出一番事业。

3. 有意识地培养对挫折的耐受力

面对挫折，不同的人有着不同的耐受力，甚至彼此的耐受力有着很大的差别。比如，有些人即便接二连三地遭遇比较严重的挫折，依旧可以保持坚韧不拔、拼搏进取的乐观态度；而有些人稍微遇到一些挫折就灰心丧气，萎靡不振，甚至还可能做出消极的极端行为。

无数的实践已经证明，身强体壮、心胸宽广、经常遭遇挫折、有理想、有抱负，以及有修养的人，面对挫折的时候，有着非常强的耐受力。反之，身体病弱、心胸狭隘、娇生惯养、情感脆弱、没有雄心壮志之人，面对挫折的时候，其耐受力往往会比较低。尽管对挫折的耐受力和遗传素质有一定的关系，但更为重要的是源自后天的实践、教育、修养、锻炼及经验。在现实中，不管是谁都能通过自觉、有意识的锻炼来提升自身对挫折的耐受力。

当然了，只要是经历挫折、具有修养之人，每当遭遇磨难的时候，大多都会有一些"窍门"来灵活应对，最终让自己化险为夷。学会应对困难与挫折的窍门，将会大大提升你打开成功之门的概率。这些"窍门"总结起来，主要有以下几个。

1. 期望法

遭遇挫折的时候，你应尽可能少考虑一时的得失，多为美好的未来想一想，不断对自己进行激励：赶紧振作起来，所有的事情都会好起来，将来必定能登上成功之峰。

2. 知足法

面对挫折的时候，对于已达到的目标要满足，对于一时之间很难做到的事情不强求、不奢望，与此同时，你还要学会知足，珍惜已经拥有的。这样一来，你就很容易摆脱烦恼与痛苦，给自己创造一个良好的心理环境，从而更好地迎接未来。

3. 补偿法

古人常说："失之东隅，收之桑榆。"也就是说当在某方面的目标受到挫折的时候，你不要灰心，也不要气馁，可以用另外一个可以实现的目标来代替原来的目标，而不是让自己坠入苦恼、悲伤，甚至绝望的深渊中。

4. 升华法

在遭受重大疾病、财产损失、感情失败等打击以后，你应该将悲痛化作力量，更加努力地奋斗。这才是面对挫折最为明智也最为积极的态度。

精彩的人生没有坦途，困难、挫折及失败都是其中不可或缺的财富。勇敢的开拓者，不会因为一时的挫折、一时的失意而选择退缩或者放弃。他们会勇敢地面对挫折，以坚强不屈、努力拼搏的姿态战胜磨难，最终到达成功的彼岸！

信心：

你的潜能超乎你的想象

野心是一剂"治穷"的特效药

想要将梦想转变成现实，就必须要有野心，为自己树立一
个明确的目标，并且依靠坚定的信念去努力奋斗。这样一来，
你才可能成为怀抱成功的幸运儿。

大家都知道，在现实社会中，有很多人都是极其普通之人，甚至浑浑噩噩地
过了一辈子。但是，也有一小部分人做出了一番大事业，轰轰烈烈地过了一辈子。
为什么这两类人的人生差别如此之大呢？其实，答案很简单，因为普通人的内心
总是平静如水，没有一丝波澜，他们满足于现有状态，根本没有伟大的野心与志
向；而成功的人则不同，他们不甘平凡无为地过一辈子，有着很大的野心。即使
他们的工作岗位十分平凡，但只要他们有野心，并坚持不懈地努力着，早晚会创
造出一个美好的未来。

法国有一个年轻人，生活得十分穷苦。后来，他开始卖装饰肖像画，以此作
为起家的资本。用了不到十年的时间，他就快速地成长为一个很年轻的媒体大亨。
然而，非常不幸的是，他得了前列腺癌，于 1998 年在医院病逝。

他去世之后，他的遗嘱被法国某报社登在了报纸上。在这份遗嘱中，他是这
样说的："我以前是一个很穷很穷的人，在进入天堂以前，我会留下自己取得成功、
拥有巨额家产的秘诀，如果谁能够回答：穷人最缺什么？从而将我积攒巨额家产
的诀窍猜中。那么我就将留在银行的一大笔钱送给谁。"

有 48561 个人将自己心中的答案寄了过来。大多数的人都觉得，对于穷人来

说，最缺的就是金钱，只要拥有了金钱，那么就不再是穷人了。也有些人觉得，穷人是由于缺少机会才会穷的。还有一些人觉得，技能才是穷人最最缺少的，如果有了一定的技能，就能够发家致富。

在这个人的周年忌日，在多重监督之下，律师与代理人将他的私人保险箱打开了，将他致富的诀窍公布了：穷人最缺少的是成为富人的野心。

在所收到的答案当中，猜对的只有一个小女孩。为什么她能够猜出来呢？她在接受那一大笔钱的那天，她是这样说的："每一次，我的姐姐将男朋友带回家之后，都会对我予以警告：千万别产生野心！千万别产生野心！于是，我就觉得，或许野心能够让人梦想成真。"

这个谜底被揭开以后，在法国引起了轰动。不少新贵、富翁对这个话题进行讨论的时候，都没有一丝一毫掩饰地说道："野心是一剂'治穷'的特效药，是一切奇迹出现的始点。"

的确，在我们走向更高的台阶之前，我们需要一个对成功十分强烈的渴望。而这种强烈的渴望就是野心，野心是一种必须要得到的心态，是一种必须要做到的决心。只要我们敢于下决心，并且为这个决心负责，为这个决心将全部的精力都投进去，那么我们距离成功的大门就不会远了。

希尔·卡洛斯是美国一个牧马场的场主。这天，他看到很多小孩子在他的牧马场里玩游戏，便去到他们身边，微笑着说："孩子们，想听故事吗？我给你们讲一个故事吧？这个故事的主人公和你们一样，也是一位小朋友。"小孩子们都很感兴趣，纷纷聚在卡洛斯身边，迫不及待地要听他讲故事。于是，卡洛斯便开始了讲述。

故事的主人公也是一位小朋友，叫史蒂芬。史蒂芬的爸爸是一名巡回驯马师，同时还拥有自己的农庄。所以他一年到头都必须在马厩、赛马场以及农庄之间来回奔波，除了对各种马匹进行训练，还要把农庄经营好。整天忙忙碌碌的他，根本没有时间去管史蒂芬的学业。

时间一天天过去了，史蒂芬也一年年长大了。这一年，史蒂芬已经升上高中，成为一名高中生了。一天，语文老师给史蒂芬他们班布置了一项作业：写一篇文章畅想一下自己长大以后想做什么样的事情，想要成为什么样的人。

当天晚上，史蒂芬用了7页作文纸，写了一篇很长的文章，来畅想自己的未来。他希望长大成人后的自己，拥有一座属于自己的大牧场。对于这个梦想，他不但用文字描述得非常详细，还画了平面图。在这张大牧场的平面图上，每一间房屋、每一条跑道、每一个马厩甚至每一处要种什么样的果树，都画上去了！而每一个房间里，他又画出了明确的结构位置图，例如床怎么摆放，沙发放在哪里，等等，都画得一目了然！

第二天来到学校后，他将倾注了自己所有心血才写出来和画出来的"未来"交给了老师。两天后，这份作业被老师批改完后，附上了评分，然后返给了同学们。史蒂芬也拿到了自己的作业。当他看到第一页上方时，只见一个大大的红色的"F"写在了上面。这是所有作业评分里的最低分。在评分旁边，还写着一句话："放学后你来我办公室一趟。"

正好史蒂芬也很想知道为什么老师会给自己评了一个"F"，所以一放学他就找到了老师，向老师提出了这个疑问。老师回答道："老师认为你这个梦想很不符合实际，是一种天马行空的胡思乱想，所以就给了你一个'F'。你说你计划拥有一个大牧场，但这是需要很多很多钱才有可能实现的。首先，你要买一大块的地，这需要很多钱；其次，你至少要买几匹用来繁殖的马匹，这是必需的，这同样需要不少钱；再次，你说你要种上这样那样的果树，这也是需要一笔钱来购买树种的。更何况，你说要建造什么样什么样的房屋，这更是要花费一大笔钱……你现在一无所有，你父母不是富人，所以老师才会觉得你的计划是空想，是遥不可及的目标。如果你今晚回去把作文再写一次，把目标定得有可能实现一点，我会对你的作文重新评分的。"

史蒂芬很难过地回了家，正好他爸爸回来了。于是他问爸爸该怎么办。爸爸说："史蒂芬，这件事情必须你自己决定。但我觉得，无论你的梦想是什么，只要全力以赴去努力，将来一定能梦想成真的！"

史蒂芬苦想了一晚，最终决定不对原来的作业做任何更改。第二天，他又把原来的作业交给了老师，并且对老师说："老师，我宁可获得一个'F'，也不想放弃自己的梦想。"老师也坚持了自己的决定，没有更改他对史蒂芬这份作业的评分。

不过，从那一天开始，史蒂芬就为了实现作业里描述的梦想而努力了。经过多年辛苦努力的拼搏，史蒂芬终于成功了。他拥有了自己的大牧场，牧场里有房屋、马厩、跑道等设施，有自己想种植的各种果树……说到这里，卡洛斯面带微笑地停顿了下来。

过了一会儿，卡洛斯又和蔼地对小朋友们说："大家应该都猜到了，我就是故事里的那位史蒂芬。现在大家玩游戏的地方，就是我学生时代想要拥有的那座牧场。其实，那篇文章和那幅图画，我至今还保存着呢，我给它们装上了画框，现在正挂在我卧室的墙上。"说完，他一脸的自豪和满足。

又过了一会儿，他继续说道："其实，当年给我的作业评分'F'的老师，两年前的夏天还带着一群学生来过这里，进行了为期7天的露营活动。那天重逢时，老师感慨地对我说：'我要向你道歉，当你还是我学生的时候，我成了一个偷梦的人！在过去那么多年里，我偷了不少孩子的梦想，这让我感到羞愧。不幸中的万幸是，你的梦没有被我偷走，你为了梦想一直坚持努力，你最终实现了自己的梦想！'"

最后，卡洛斯对大家说："孩子们，我给大家讲这个故事的目的，就是想告诉大家，千万不要让任何人偷走你的梦想，只要你认为你的梦想是值得你去奋斗的，就请开始努力奋斗！只要你持续为之努力，就一定能梦想成真。"

梦想和现实之间，往往存在一段距离。倘若你总是想着自己一觉睡醒之后，就能够梦想成真，那么，这就相当于白日做梦。想要将梦想转变成现实，就必须要有野心，为自己树立一个明确的目标，并且依靠坚定的信念去努力奋斗。这样一来，你才可能成为怀抱成功的幸运儿。

你可能不太理解，"篮球之神"迈克尔·乔丹拼命的动力到底来自什么地方？原来，他在读高中一年级的时候，有一次在篮球场上遭受了极大的挫败感，这激起了他的野心，让他勇敢地向更高的目标进行挑战。正因为如此，拥有"飞人"称号的乔丹才逐渐成为整个州、整个美国大学，甚至整个NBA（NBA，美国男子职业篮球联赛的英文简称）历史上影响力最大的球员之一，他的真实事迹将篮球比赛的记录都改写了。

当有人向迈克尔·乔丹询问，是什么样的原因导致他与别的职业篮球运动员的表现那么不同，而且能够多次战胜某个人或者某支球队呢？是因为自身的天分吗？还是因为高超的球技呢？抑或是绝佳的策略呢？他往往会这样回答："在NBA当中，有很多天分非常高的球员，我也只不过是其中一个而已。而导致我与其他篮球运动员完全不一样的根本原因是，你在NBA当中绝对不可能再找到一个像我这样拼命的人了。我只需要第一，不需要第二。"

常言道："有野心的人抓大鱼。"平庸之人为什么会平庸，就是由于他们缺乏野心所致。因此，不管你今后从事什么样的工作，想要成为自己所在行业中的精英，就必须要有野心，并且坚持不懈地为之努力。野心是你成功的起点，是一剂"治穷"的特效药。无论何时，必须要谨记：成功＝野心＋目标＋行动。

用自信释放你的潜能

自信是一种坚定的信念，同时也是一种顽强的意志，它
可以帮助我们开启潜能，而恐惧则是这种信念与意志的头号
大敌。

美国作家爱默生曾经说过："自信是成功的第一秘诀。"的确，自信可以开启
你的潜能，助你快速走进成功的殿堂。一个人倘若缺乏自信心，就不会有一番大
作为。不管你是什么样的人，从事哪一个行业，都应该将自信放在首位。自信是
你走向成功不可缺少的因素之一。

具有"美国商业女奇才"之称的劳伦·斯科尔斯接管了一家即将破产的纺织
工厂。这家工厂已经连续3个月没有接到一份订单了，员工们的情绪都很低落。
劳伦通过认真地研究与分析之后坚信：她有能力让这个工厂重新红火起来。不过，
她的心中也相当清楚，当前最重要的并非如何解决工厂经营的问题，而是怎样将
员工们的斗志唤醒，怎样帮助他们消除恐惧，让他们再次变得自信起来。于是，
劳伦召集全体员工召开了一次大会。

在会上，劳伦并没有直白地向员工们阐述自信的重要性，也没有夸口说自己
能够救活工厂，她只是在刚开始时就问了员工们一个问题："各位员工，你们觉得，
一个身体健康的人与一个身体有残疾的人比起来，哪一个更容易获得成功呢？"
员工们不知道她想要说些什么，只能老实地回答：自然是健康的人。

劳伦微笑着点头道："大多数人都是这样想的，但是我却不这么认为。有一次，

我与两个朋友一起去探险。我的这两个朋友一个是聋子，一个是瞎子。我们打算去一座风景如画的深山中游玩。然而，没有想到的是，半路出现了一道地势十分险恶的峡谷拦住了我们的去路。那个时候，我真的非常害怕，因为我看见峡谷不仅非常深，而且涧底的水流也相当急。更要命的是，通向对面的唯一道路仅仅是由几根光秃秃，而且还晃晃悠悠的铁索组成的。我知道，如果我稍有不慎从上面掉下去，那么我必然会丧命的。"

听到这里，底下一个个员工的脸上也显露出十分紧张的神情。劳伦接着说道："原本我认为我的两个朋友肯定也像我一样吓坏了。但是，我没有想到的是，他们竟然丝毫不害怕，反而十分从容淡定地走了过去。只剩我一个人还留在原地。事情过去之后，我感到十分奇怪，就问我那两个朋友是怎么做到的。我的瞎子朋友告诉我，因为她的眼睛看不到，所以并不知道山很高，桥很险，于是很平静地走了过去。而我那个聋子朋友则告诉我，由于她的耳朵听不到，因此，她不知道脚下的河水在疯狂地咆哮，这样一来，她也就没有感到太大的恐惧。"员工们听到这里都表现出一副恍然大悟的样子。

这个时候，劳伦开始进入正题："各位，正是由于我太'健全'了，因此我才考虑得太多，从而使我丧失了走过去的勇气。事实上，阻挡我前进的并非峡谷与铁索，而是我在面对现实时所产生的恐惧。现在，你们当中有不少人都对我们厂如今面临的状况感到十分恐惧，这心态与那时我的心态是一样的。"

在那次会议之后，那家纺织厂的所有员工都变得斗志昂扬，干劲十足。没过多久，整个厂子就重新红火起来。当人们问他们为何会发生这样大的改变时，那些员工们微笑着说："我们不能让内心的恐惧心理阻挡我们前进的脚步。"

我们暂且不去追究劳伦所说的这个故事是否属实，但是这个故事的确给我们展现了一个极其深刻的道理：自信就是一种坚定的信念，同时也是一种顽强的意志，它可以帮助我们开启潜能，而恐惧则是这种信念与意志的头号大敌。倘若我们对某件事情充满了信心，那么我们就不会有这方面的恐惧，就更容易获得预期的效果。反之，倘若我们缺乏信心，那么恐惧将会占领我们的内心，事情的结果必然不会理想。

凡是成功人士，都能自信地面对世界，有效地开启自身的潜能。他们对于自己的才能充满了信心，对于自己的事业以及追求充满了信心。在他们看来，失败只是成功路上一块微不足道的小石子，自己肯定可以迈过去。正是由于他们自信，因此他们的潜能才会被有效地开启；正是由于他们有效地开启了潜能，因此他们才会无畏；正是由于他们无畏，因此，他们最终才能获得成功。

与之相反，那些不自信的人每时每刻都怀疑自己的能力，而且总是对已知的和未知的困难感到恐惧。他们为自己树立了一个失败的形象，并且经常这样暗示自己："对于我所遇到的各种困难，我是不可能克服的；对于所要面对的各种挑战，我也不可能获胜，因为有许多条件制约着我。"这种类型的人通常具有两种特点：第一，过分地高估自己所要面临的困难与阻碍；第二，过分地贬低自己的能力，过分放大自身的缺点。因此，他们感觉到无限的恐惧、自卑，最后选择了退缩与逃避，变得十分消沉。之后，他们逐渐适应并满足于这种逃避的生活，从而让自己从主观上接受了失败的结果。

由此可见，对于我们心灵发展的成熟以及事业发展的成功来说，自信是相当重要的。美国著名的心理学家——唐波尔·帕兰特曾经说过这样一句话："人对于成功的渴望就是去创造与拥有财富的源泉。如果一个人有了这样的欲望，并且可以不断对自己进行心理暗示，从而利用潜意识激发出一种自信的话，那么这种信心就能够转化成一种相当积极的动力。事实上，正是在这种动力的推动下，人们才释放出了无穷的智慧与能量，从而促使人们在各个方面获得成功。"

因此，每个渴望走向成熟，渴求拥抱成功的人都必须谨记：自信可以帮你开启潜能，无论何时，都要自信地面对一切，这样才能充分地发挥出自己的智慧，最终梦想成真。

信念，给你无限的力量

　　如果我们想要解决问题，那么就一定要坚定自己的信念，这样才能拥有无限的力量，将每一件事情都做好。要知道，在这人世间，最伟大的力量莫过于信念的力量。

　　有句话说得好："你怎样看待世界，就会得到怎样的世界。"这便是信念的力量。信念到底有多大的力量呢？一个成功者对此是这样回答的："信念的力量是伟大的，因为你抱有什么样的信念，就会出现什么样的现实。"

　　那么，你知道信念究竟是什么吗？所谓"信念"，实际上就是船舶在航行过程中所使用的罗盘，黑暗路途上一盏可以指引道路的灯塔；信念对于人来说，就好像翅膀之于鸟一样，信念就是我们展翅高飞的翅膀，就是在遭遇各种挫折与磨难的时候，坚持不懈，努力拼搏，不抛弃，不放弃的理由。

　　虽然海德莱恩夫人只是一个普通人，不过她积极乐观，活泼开朗。有一次，海德莱恩夫人驾驶自家的车出去办事，不慎将车子翻进了一条非常深的沟中。

　　刚开始的时候，海德莱恩夫人的主治医生认为她的脊椎已经被完全摔断了，可是单纯地从 X 光片上不能看出她的脊椎折断的具体情况，但可以看到她的骨刺已经从外面的附着物脱离了出来。医生觉得，海德莱恩夫人需要躺在床上休息很长一段时间，并且将这个糟糕的消息告诉了她。

　　"你心理上要做好足够的准备，"医生说，"现在，你的脊椎硬化得非常严重。所以，你可能在 5 年后就动弹不了了。"

根据海德莱恩夫人后来的回忆，那个时候的情形是这样的：

"那个时候，我被吓得半死。我一直都是一个十分外向活泼而又开朗的人，喜欢克服各种各样的困难。但我却遇上了一个没有办法克服的困难。在床上躺了3个星期后，我的勇气与斗志逐渐消失殆尽了。我感到恐惧极了，也变得软弱极了。

"有一天早晨，我的头脑忽然非常清醒。我告诉自己：'5 年的时间并不算短啊！不想还没有经过奋斗就缴械投降了，我一定要竭尽全力，我还可以帮助家人做不少的事情呢。倘若我积极配合医生的治疗，再加上我的决心与毅力，我的病情可能会变好。'于是，我开始展开行动。

"当我有了这样的信念与决心之后，我突然感觉自己充满了力量。我要立即行动。恐惧与软弱都已经消失了！我挣扎着走下病床……就这样，我开始了我的新生活。

"我反复地激励自己：'继续！继续！继续！'

"5 年后的一个天气晴朗的早晨，我再一次照了 X 光，结果发现我的脊椎并没有什么问题。即便再过 5 年，我的脊椎也不会出现问题。医生建议我就这样保持乐观的心态，坚定的信念，勇敢地生活下去。而我也确实是一直保持这样的念头。只要我的身上还有一块肌肉能够活动，我就会坚强地活下去。"

在这个案例中，我们看到了海德莱恩夫人由于拥有了信念，并且坚持信念，因此逐渐变得勇敢而坚强，拥有了无限的力量。她是一名令人敬佩，值得学习的伟大女性！

面对困难，除了要坚定信念，更重要的是我们应当怎样去做。倘若我们没有果断地采取行动的话，那么即便是再深刻的哲理也不会起到任何的作用。如果我们想要解决问题，那么就一定要坚定自己的信念，这样才能拥有无限的力量，将每一件事情都做好。要知道，在这人世间，最伟大的力量莫过于信念的力量。

某一年，有一支来自英国的探险队进入大沙漠，在看不到边际的沙漠中行走。望着如此巨大的沙漠，队员们都感到既口渴，又焦虑——所有人的水都喝完了。

这个时候，探险队长将一只水壶拿了出来，说："这里只剩下最后一壶水了，但从沙漠穿过去之前，任何人都不许喝。"

这一壶水，成了队员们的希望寄托。水壶反复地在队员中间传递，沉重的感觉使他们倍加珍惜这仅有的一壶水，脸上不再是绝望的表情，而变成坚定的神色。不知又经历了多少口干舌燥的时光，凭着一壶水的坚定信念，他们终于走出了大漠。得以生还的队员们一下子卸掉了生死的沉重负担，激动得泪流满面。但是当他们用颤抖的手拧开支撑他们精神的水壶——缓缓流出来的却是满满的一壶沙粒！

在异常炎热、看不到边际的沙漠里，真正使他们得救的又怎么会是那一壶沙粒呢？执着的信念，好像一粒不起眼的种子，却在他们的心里深深地扎根发芽，最终支撑着他们从绝境中走了出来。信念会使你的意志更坚定，会使你英勇无畏、心无旁骛地走到成功的终点。不过，要注意的是：一定要将信念植入心中。

古时候，一对父子同时出征打仗。后来，父亲已经做了将军，儿子还像刚入伍时一样仅仅是个马前卒。

当战场上再次响起号角声与战鼓声的时候，父亲非常严肃地拿出一个里面插着一支箭的箭囊，郑重其事地对儿子说："这宝箭是咱们家的传家宝，你把它带在身边，就会变得力大无穷，百战百胜，但必须要谨记：万万不能抽出来。"

儿子将箭囊接过来一看：箭囊是用厚牛皮作为材料打制而成的，周围还镶着铜边儿，看起来相当精致。再看露在外面的箭尾，那可是用极品孔雀羽毛制作而成的一支箭。儿子非常高兴，信心十足。

果然，儿子带着宝箭变得非常神勇，一路上杀敌无数。当他听到撤退的命令时，不禁生出了万丈豪气，完全忘记了父亲的嘱咐，在强烈的好奇心下，他一下将宝箭拔了出来。

然而，刹那间，他惊呆了："这就是一直断掉的破箭，根本不是珍贵的宝箭啊！原来，我打仗的时候一直背着这么一支断箭啊！"儿子吓坏了，冷汗淋淋，好像在一瞬间丧失了支柱的房子，意志随之崩溃了，倍感失落。

后来的结局也就不难猜测了：在战场上，儿子不再像之前那样神勇，最终惨死于乱军之中。

故事的结局很是让人悲哀。这位父亲的失策在于他只是让儿子把必胜的信念寄托于一支箭，而未把它植入儿子心中。所以，在断箭揭晓的那一刻，儿子的精神大厦轰然倒塌，最后死在了战场上。

其实，人生不存在真正的绝境。生活中的我们无论遭受多么大的艰辛困苦，只要我们心中还有信念的支撑，总有一天，我们会守得云开见月明，会重铸辉煌。

因此，渴望成功的人，必须要坚定信念，坚持不懈地努力，这样，你的生活才会更加精彩，你才会如愿以偿地走进成功的殿堂。

你自己就是金矿

> 对于别人拥有的，我们总是羡慕不已；对于自己的优势，
> 我们却常常忽略，这可能是人类的一种共性，只不过或多或少
> 而已。

在这个世界上，任何人都有属于自己的天赋，这种独一无二的天赋犹如金矿一样藏在我们平平淡淡的生命中。那些总对别人的成就羡慕不已，始终盯着别处的人，永远都不可能将自身的"金矿"挖掘出来！

有一位定居在美国田纳西州的移民，拥有6万平方米山林。当那股淘金热在美国西部掀起之后，他就将所有的家产都卖了，带着全家向西进行迁移，在西部买了下一大片土地，并且开始钻探，盼着可以找出金沙或者铁矿。就这样，他连续干了5年，不但没能找到什么有价值的东西，而且还花完了家底，最后被迫返回了田纳西。

当他回到故土的时候，发现那里有很多机器正在干活，到处都是工棚。原来，当初那个被他卖给别人的山林下面实际上就藏着金子，是一座无比珍贵的金矿，它的新主人已经成了一个大富翁，正忙着挖山炼金呢。直到现在，这座巨大的金矿依旧在开采中，它便是美国非常有名的门罗金矿。

毫无疑问，这是"有时，一个人不在乎、随意丢弃的东西或许便是价值不可估量的金矿"这句话的最好印证。与此同时，这也很好地印证了"成功还未到来是我们努力得还不够，可能再多加1%的力量，我们就可以将属于自己的金矿开采

出来"。

人们常说："风景在别处。"对于别人拥有的，我们总是羡慕不已；对于自己的优势，我们却常常忽略，这可能是人类的一种共性，只不过或多或少而已。小孩对大人的成熟自由极其向往；大人对小孩的纯真直率也极其羡慕；女孩对男孩的刚强豪放极其钦慕，男孩对女孩的娇嗔灵动也偷偷艳羡；普通人对名人的功成名就极其钦慕，而名人对普通人的平凡闲适又何尝不垂涎三尺呢？

原本羡慕别人也无可厚非，但轻视自己、失去自我就不对了。每个人身上都有很多优点，只不过有的已经表现出来，有些还隐藏着等待着被挖掘，关键在于我们要深刻地认识到：我们自己就是一座金矿，不可随意放弃。

赵岩在中文系是一个才华出众的人，文章写得相当漂亮。大学毕业之后，他居然做出了一个令所有人都意外的决定——去深圳某某医药公司做推销员。然而，在辛辛苦苦忙了一年之后，他的业绩仍旧平平，与那些学历不如他的人相比，还略输一筹。这让他很不服气，最后选择辞职，自己开公司。

随后，他与两个朋友合伙开办了一家公司，主营广告策划。按理说三个聪明人凑到一块，肯定是无往不利的。结果非但没有赚到钱，反而因管理不当、分工不明，三个人相互埋怨，最终不欢而散，大大伤害了彼此间的友情。

在这种情况下，赵岩又到处借钱，独自将一个不大的门面撑了起来，先是卖服装，然后又改卖手机，最终仍然是白忙活一场，还亏损了不少钱。

时间过得很快，转眼就过去了5年。在经商过程中屡屡受挫的赵岩，看到以前的同学朋友都在各自的领域中取得了很好的成绩，不禁感叹自己命运多舛，枉费了自己的聪慧与努力。

春节来临，赵岩回到了自己的老家，与爷爷坐在一起聊天。这时，赵岩说起了自己进入社会的一系列经历，非常痛苦。爷爷却面带笑容地说道："年轻人嘛，摔几个跟头很正常，再说了，将你绊倒的并不一定就是石头啊。"

"将我绊倒的不是石头，难道还是金块不成？"在他看来，爷爷肯定又要使用"失败是成功之母"之类的大道理来对他进行安慰与教育。

"失去并不等于失败，失去之后还能再次拥有。时间与事实会让你明白，将你绊倒的可能真的是金块呢。"爷爷仍然笑容满面地说道，并且将一本书送给他，要求他认真地进行阅读，然后再好好想一想。

将自己绊倒的怎么可能是金块呢？赵岩一副不相信的样子将爷爷送给他的书打开。开始时他读得漫不经心，但是越读，他感触越深，尤其是书中还有一个这样的小故事：

19世纪中期，有人在美国的科罗拉多大峡谷发现了金矿。于是，一股淘金风刮了起来。得知这个消息的人，从全国各地赶来。一时之间，在长长的峡谷中挤满了各种各样的人。

坎普森是一个穷人，他也想一夜暴富，于是他毅然决然地从原本受雇的农场离开，成为一名淘金者。

非常不幸的是，坎普森在一个雨夜经过一座山谷的时候，由于走得太过着急了，不小心被一块很大的石头绊倒了。他重重地摔了一个跟头，而且还从山坡上滚了下去，不仅将脸摔肿了，而且还摔断了一条腿。幸亏住在山脚下的一个好心老人收留了他。他在老人的小屋中躺了5个月，才勉强能跛着脚下地稍稍活动一下。

他拖着一条残废的腿，再也不能去淘金了，而且也回不去当初的那个农场了。他轻轻地将脸上的泪水擦掉，跟着那个老人来到了之前他摔下来的那个山谷。老人用手指着前方那块堆满了淤泥的滩涂地，语重心长地说道："孩子，这可是上帝赐予你的一块宝地啊，这里相当肥沃，随便插根筷子都有可能发芽的。"

坎普森什么农活都会做，却一直不曾拥有一片土地。当他踩在又松又软的淤泥上的时候，他的脸上露出了久违的笑容——他终于明白自己应该在什么地方淘金了。他马上从老人那里借来了农具与种子，在那个山谷中来来回回地忙碌着。

秋天到了，那片被众多淘金者遗忘的滩涂地，真的变成了老人之前所说的"聚宝盆"。丰硕的果实为坎普森带来了很大的财富。接着，他又陆陆续续地将一些土地开垦了出来。没多久，他还接手了那个老人已经经营了数十年的一片很大的山地，花钱雇用了不少果农、菜农及种植工，成了一个富有的庄园主。

几年之后，因为科罗拉多大峡谷并没有太多的藏金量，淘金者已经将整座峡谷挖掘得不像样了，但也仅仅是极少数人发了大财。大部分的人都放弃原有的工作，荒废了自家的田园，投入了大量的本钱，洒下了无数的汗水，最终却只能失望而归。有的人甚至还在这荒山野岭送了命。

这个时候，已经拥有巨大财富的坎普森正十分悠闲地指着已经被搬到自家院中的那块曾经将自己绊倒的石头，骄傲地向人们讲述："这便是当初将我绊倒的'金块'，它让我明白了应该到什么地方才能将自己的金子挖掘出来……"

"是呀，一定要找准地方，才能将金子挖掘出来。"赵岩豁然开朗。没多久，赵岩就将十分冷清的店铺关闭了，找了一个极其僻静的地方，开始进行文学创作。后来，随着一部又一部作品的不断畅销，他快速地积累了不少财富，拥有了豪华的住所与名贵的车子，成了名人俱乐部一名潇洒的会员。

赵岩的经历告诉我们一个道理：其实，有的挫折是一种"此路不通"的暗示，即便勉强走下去也不一定能得到理想的结果。跌倒之后，需要我们认真地反思，及时地调整努力的方向，而非灰心丧气。你自己就是金矿，之所以暂时没有成功，可能只是因为努力的方向不对。

美国著名的心理学家——马斯洛曾经说过这样一段话："倘若你有意地避重就轻，去做比你竭尽全力所能做到的更小的事情，那么我警告你，在你以后的日子中，你将是十分不幸的。因为你总是要逃避那些与你的能力相联系的各类机会和可能性。"

这句话说得非常棒。如果你逃避自己的才能，那么你的才能就只能在暗地里发酵，并且生出毒素。

无论何时都要相信，生活永远都是公平的，在向你关闭一扇门的时候，必定会为你打开另外一扇窗户。在现实生活中，当你连续不断地遇到挫折与失败的时候，千万不要着急抱怨，你应该静下心来，认真地对以往的经验进行总结，然后扪心自问：我真的找准努力的方向了吗？

不管什么人，只要能够及早地意识到这点，就能够用自己的智慧将曾经绊倒自己的石头点化成为人人喜爱的金块！

对自己，可以期望得再高一点

　　如果你只想种植几天，就种花；如果你只想种植几年，就种树；如果你想流传千秋万世，就种植观念！

　　从古至今，无数成功者的经历告诉我们，你拥有什么样的目标，将决定你以后成为什么类型的人。通常来说，宏伟远大的目标，是奠定成功的基石。所以，对自己，你可以期望得再高一点。

　　有着"发明之父"美称的爱迪生，在仅仅上了几个月的学之后，就被他们的老师评定是一个非常愚蠢、糊涂的弱智儿童，并且勒令他退学了。为此，爱迪生感到非常难过。当他异常难过地回到家后，他直接恳请妈妈教他读书识字，而且还说出一句非常令人震惊的话："我长大以后必须要干出一番伟大的事业。"

　　在那个时候，爱迪生这个被认为是愚钝儿童的孩子说出这样一句话，似乎显得有些荒唐可笑。然而，正是因为爱迪生树立了这样一个宏伟而远大的目标，让他的人生在很小的时候就有了明确的努力方向。在这个相当令人震惊的目标的鞭策之下，他战胜了前进道路上的各种坎坷与磨难，最终成了一位享誉全世界的发明家。

　　由此可以看出，对自己期望得高一些，即有一个远大的目标，对于追求成功的人来说是多么重要。要想顺利地打开成功的大门，就应该先给自己树立一个明确而远大的目标。如果你没有一个清晰而远大的目标，整天盲目地奔波，最终是不可能获得成功的。目标就是为我们指引方向的导航，就是打开成功之门的金钥匙，就是一个人实现生命价值的助推器。所以，要想成就一番经天纬地之业，就必须先树立一个远大的目标。

中国古代著名的政治家与军事家诸葛亮曾经说过这样一句名言："志当存高远。"诸葛亮在年轻的时候，就已经为自己设定了一个非常远大的目标，在没有走出茅庐之前就自诩是管仲、乐毅，就想要干出惊动天地的伟业。远大的目标与良好的机遇，最终使诸葛亮如愿以偿地成就了一番大事业，成了一位名留青史的大人物。

苏联著名作家高尔基曾经说过："我经常重复这样一句话：'一个人所追求的目标越大，他的能力就发展得越快，这个人对于社会就越有益处。我相信这是一个真理。这个真理就是我一切生活的经验，是我通过对所有的事情进行了观察、阅读、比较以及深思熟虑之后才最终确立下来的'。"高尔基运用自己的一生对他的这段话进行了验证。

拥有"钢铁大王"之称的卡内基本来只不过是一家钢铁厂的普通工人。但是，他依靠要制造与销售比其他同行品质更好的钢铁，这个明确而伟大目标，逐渐成了整个美国最为有钱的人之一，拥有在整个美国的各个小城镇中捐资修建图书馆的能力。

有这样一句流传了很久的谚语："如果你只想种植几天，就种花；如果你只想种植几年，就种树；如果你想流传千秋万世，就种植观念！"

对于一个人而言，他（她）的过去或者现在到底是怎样的并不是十分重要，最为重要的是他（她）将来想要得到什么样的成就。只有你怀揣着伟大理想，并且坚持不懈地为之努力奋斗的人，才能够在将来成就一番大事业。否则，你就很难做出什么很大的业绩，而且还有可能会一辈子都一事无成。

什么是理想？理想是与一个人终生的奋斗目标有着紧密联系的，是有可能会实现的一种想象，是一个人的力量源泉，是一个人的精神支柱。一个没有任何理想的人，岁月的更替对他（她）来说，仅仅意味着自己年龄的增长而已。不过，即便你拥有一个十分远大的目标，也应该有看得清、瞄得着的"射击靶子"，也就是短期的小目标。我们所确立的小目标应该是非常明确清晰的，应该是十分具体的，应该是可以操作的，应该是可以实现的。当然了，这些小目标都是为最终的那个大目标服务的。只有将短期的小目标一一实现，我们最终才能够将成功的大厦建起来。

一个来自美国的著名心理学家发现，在专门为老年人创建的疗养院中，存在着一种十分有趣的现象：每当一些节假日或者某些比较特殊的日子，比如，生日、结婚周年纪念日以及圣诞节等来临的时候，死亡率就会下降。在那些老年人当中，有不少人为自己设定的一个目标就是：想要再多过一个结婚纪念日、一个愉快的圣诞节、一个欢乐的国庆日等。等到这些有意义的日子过了之后，因为心中的愿望或者说目标已经得以实现了，他们继续生存下去的意志也就随之变得微弱了，所以，死亡率就会马上升高。

人的生命是相当宝贵的，而且当你去做了一些应当做的事情，努力地实现自己的目标，你的人生会更具有意义。

因此，要想登上人生山峰的制高点，自然就一定要做出一些实际的行动。但是，在这之前，你应该准确地找到自己的人生方向与人生目标。倘若你的人生没有清晰而明确的目标，那么你想要达到的制高点只不过是一个空中楼阁，可以说是望得见，却达不到的。倘若你想让自己的生活有所突破，有所价值的话，那么，你首先要做的事情就是，确定你的目的地到底是什么。只有你将自己的目的地确定好了，那么你的人生旅程才会有明确的方向，有可喜的进步，有可望见的终点，有令人满足的幸福。

当你理解了自己的人生旅程源于自己的奋斗目标之后，你就应该给自己一个希望，暗暗地对自己说："我一定要成为一个令人瞩目的大人物。"只要你这样去想了，并且努力去做了，那么你最终极有可能成为一个你想要成为的"大人物"。

总而言之，让我们每个人都对自己期望得再高一点，树立一个远大的目标吧。我们的人生将会因此而变得伟大起来！

远航，首先你要有目标

在制订目标的时候，你可以适当地对自己进行激励，适时
地为自己留点儿余地，不应该勉强自己。

有一句名言是这样说的："若人生缺乏目标，生命之帆就是在黑暗中航行。"
纵观古今中外，每一位成功者都拥有一个明确的目标，并且坚持不懈地为之拼搏
奋斗。目标给了他们前进的动力，为他们指明了前进的方向，正如爱因斯坦曾经
说过的一句话："在一个崇高的目标支持下，不停地工作，即使慢，也一定会获得
成功。"因此，远航之前，你首先要有目标！

在广阔的大草原上，倘若看到一头猎豹耷拉着头，一副无精打采的样子，或
者正在漫无目的地行走着，那么可以断定这头猎豹不是没有捕捉到猎物，就是吃
饱了没有事情做。若是看到猎豹神采奕奕地在茫茫的草原上狂奔，大多数情况是
猎豹正在努力地追捕前方逃命的猎物。正是由于有了猎物的存在，猎豹的身体中
充满了无尽的力量，它们仿佛不知道疲惫一样地一直狂奔，直到追捕到自己的猎
物为止。

每头猎豹的性格都十分刚毅，不停地为生存而奋斗着。不过，如果它们没有
明确的目标也就丢失了奋斗的动力，在行动的时候也会表现得非常消沉与茫然。
所以，猎豹在追捕猎物以前，通常都会先选好目标，然后再冲着这个目标奋力直
追。倘若它们缺乏目标，那么即便眼前是一大群羚羊，它们也不会向前迈出一步。
因此，对于猎豹而言，目标就是前进的推动器。

想必大家都知道，我们人与猎豹有着相似的地方。一个缺乏目标的人，即便他（她）的才华再出众，他（她）的工作能力再优秀，都没有多大的作用。因为他（她）根本就不知道自己的才华与工作能力应当用在什么地方。

目标到底有多么重要，不需要再多说什么，因为每个人都知道，它就是成功的基础。人们拥有了目标以后，在向前冲时才会有动力，才不会盲目地瞎闯乱撞，才知道什么事情应当做，什么事情不应当做……如果你要努力改变自己，让自己心想事成，该怎样确立一个明确的目标呢？首先，当我们确立一个目标时，一定要把客观条件与主观条件都考虑好。其次，确立目标时要因人而异，因为每个人的条件与实际情况都不一样，所以目标就很可能会不一样。当然，确立目标时我们使用的方法其实大致相同。

1. 目标应当与社会发展潮流相符

每个人的目标都好像一件"产品"，而我们的社会则是这些"产品"应用的"市场"。如果产品不符合市场的需求，那么该产品就相当于废品。所以，我们在确立目标时，应当将社会的需求考虑在内。毕竟，有了需求，才会有市场；有了市场，才会有个人的价值。

2. 确立目标应当结合自身特点

想在奋斗过程中让自己能够相对轻松一些，所遇到的困难少一些，所出现的苦恼与迷茫少一些吗？那么你在确立目标时，就一定要将自己的长处、兴趣和性格等作为基础与参照物，找出我们最喜欢与最擅长的，然后把我们的目标建立在这些上面去！

3. 目标应当符合现实

有的人在确定目标的时候，总是感到十分纠结，是高一点儿的目标好呢？还是稍微低一些的目标好呢？其实，与低目标相比，还是高目标要好一些。但是，需要注意的是，在制订高目标的时候，千万不可以好高骛远，脱离现实。不过，虽然我们也可以制订一个很容易达成的目标，但如果目标太容易达成了，对我们才干的发挥其实是很不利的。那么，究竟是确立高一点儿还是低一些的目标最好呢？归根到底还是从实际出发，确立最适合自己的目标。

4. 目标不能过于宽泛

在层次上，目标有高低之分；在幅度上，目标有宽窄之别。在确立目标时，我们最好是将目标定得相对窄一点儿，不要过于宽泛，因为这样更有利于集中我们所有的精力，投入我们所有的力量，更高效地达成我们的目标。须知，用相同的力量做不同的事情时，专业面越集中作用就越大，成功的概率就越高。

5. 目标实现的预期要长短配合

如果我们拥有长期目标，对我们科学地规划人生十分有利。然而，如果我们只有长期目标，并且实现长期目标所需的时间又过长，我们很可能就坚持不下去，结果半途而废了。我们都知道，努力去达成短期目标，是比较容易的。然而，若我们只有短期目标，整天只盯着短期目标，就很容易缺乏大局观，变得目光短浅。所以，我们确立目标时，一定要学会将长期目标与短期目标结合起来，既要学会制订长期目标，让自己不因为达成了一些短期目标就沾沾自喜，又要学会制订短期目标，让自己可以隔三岔五地体验到实现目标的喜悦和成就感。

6. 在同一时间段内，目标不能太多

在同一时间段内，最好不要制订太多的目标，尤其是工作目标。要知道，如果制订的目标太多，那么你的注意力必然会分散，这也就相当于没有了目标。

猎豹在猎食时，在同一时间绝不会同时去追捕几个猎物，而只会盯死一只猎物。每一头猎豹都很清楚，目标太多，不但会白白消耗自己的体力，还很可能让自己一无所获！这给我们的启示是，在确立目标时，同一时期最好只制订一个目标。

7. 目标必须要明确

有人立志要成就一番大业，却在三百六十行面前不知道该选择哪一个行业来让自己出人头地。这种人首先要解决的问题是，明确自己的目标。想要箭射得准，必须找到靶心在哪里，如果没有靶心，或者靶心过于模糊，又怎么可能命中目标呢？我们想要成就一番大业，就必须首先明确自己的目标，然后再围绕目标的实现，去投入我们的时间、精力、资金等。如果目标还是模模糊糊的，一点儿都不明确，我们就盲目地努力，最终只能一无所获，或者我们所得到的，根本就不是我们想要的！

8.制订目标要注意给自己留点余地

我们在制订目标时，很容易犯的一个错误是，把目标定得太死。例如，有些人在制订目标时，并没有根据实际情况出发，而是看到别人要三年之内达成什么目标，自己也一定要三年之内达成什么目标；看到有些人要五年之内怎样怎样，自己也一股脑儿地把目标定成了五年之内要如何如何……然而这样来制订目标，自然很难达成目标！目标如果制订得当，会成为我们前进的推动力，激励我们主动努力地去奋斗；目标如果制订得太死，不给自己留一点儿余地，很容易会成为让我们头疼的紧箍咒！

可以暂时停下，但绝不能后退

　　破碎的友情，让你感伤。停下来的时候，你会想起你们曾一起经历过的美好岁月，才发现，原来只要自己没有放弃，裂缝可以重新愈合。

　　你是否有过这样一个瞬间，感觉自己快要撑不下去，想要松开那双紧抓着悬崖边缘的手，让自己坠入无底深渊，一了百了？你是否有过这样一些日子，遇到了一些难度极大看似解决不了的困难，纠缠得你烦恼不堪，痛苦不已而又无法抽身出来，然后你觉得自己疲惫不堪，只想躺在沙发上，什么事也不想管，希望世界停止转动？

　　活在这个世界上，每个人都难免遇到一些看起来仿佛难以逾越的坎儿。只不过，在面对这些坎儿的时候，不同的人选择的应对方式是不一样的。有的人想方设法解决难题，咬紧牙关坚持，最终顺利地挺了过来，跨过了那道坎儿；有的人最终选择了放弃，选择了后退；有些人则选择了比较极端的做法——破罐子破摔。其实，遇到了一时半会跨不过去的坎儿时，也不是说非要不顾一切地与其较劲。实在想不出办法解决难题时，我们不妨暂时停下来休息一会儿，让自己的心灵获得一些放松后，再重新开始上路，去解决那道"坎儿"。

　　对于每一个追求梦想的人，我们都提倡要全力以赴地努力。不过，在努力奋斗的路上，还是要注意"张弛有道"的。一味地轻轻松松去做事肯定是很难达成目标的，但是过于拼搏，时间久了对身体健康和心灵承受力都有极大的伤害。我们见过许多过于拼命的人，从不允许自己休息一会儿，总是紧绷着自己的神经，渴望达成目标的心情非常急切。当然，这样的人确实会比那些走走停停的人更快达成目标。只不过，总是在加速度，总是在冲刺跑，这样做的副作用也很大。

有人说，人生其实是一场漫长的马拉松，积极奔跑很重要，但奔跑方式也很重要。如果总是用散步的方式去跑这场人生的马拉松，当然是不正确的；但如果总是用百米冲刺的方式去跑人生的马拉松，恐怕也会得不偿失。想跑赢马拉松，就应该在不同的路段用不同的方式去跑，这样才能更好地分配体力。该加速时要全力加速，让自己尽可能多地拉开与对手们的距离；该减速时也要尽量减速，让自己尽量避免体能的过度消耗。这样才能更好地超越对手，到达终点。跑人生的马拉松也是同理，有时候我们需要让自己停下来，好好休养调整一下身心，让自己从疲惫、消极中摆脱出来，让自己身心都能够恢复"电量"，甚至给自己"充充电，加加能"。

感觉过于疲惫了，就一定要休息。人生路上，总是需要若干次休息的时候。休息的时候，正好可以听听自己内心的声音，看看自己真正想要的是什么。如果自己想要的依然是原来那个目标，那就更好了。这时候要告诉自己，短暂的休息，是为了更好地奔向这个目标。毕竟，人生之路如此漫长，追求目标之路如此遥远，很多时候不可能一口气跑完。偶尔停一停，其实没关系。当我们又一次整理了自己的心情和目标，重新出发，会让自己更有冲劲，更有效率。

短暂的停留确实会让我们失去一些东西。然而，这些东西中的绝大多数往往都不是我们真正想要的。短暂的停留，也确实会让我们被那些没有停下来休息的人拉开距离。但你要相信，有时候，停下来就是为了更好地赶路。考虑清楚了再重新赶路，这样我们目标更加清晰，即使遇到再多的困难，我们也不会迷茫、无助、纠结与烦恼。

当然，若是停下来休息的人，休息的时间过长，结果让自己沉溺在了暂停的节奏里，不愿意重新动身上路了，那么他当然无法达成自己的目标，实现自己的梦想。须知，不出发，不向前走，怎么可能到达远方？

有些人停下来后，不但不想着什么时候重新出发，还准备要走回头路。这是为什么呢？原来，有些人停下来后，依然牵挂着那些让自己烦恼不已的事情，让自己的心灵依然困在那个一直挣脱不出的忧愁里。这个时候的他们是最脆弱不堪最容易被动摇的，往往一些风吹草动就会让他们打消重新出发的想法，然后转身往回走，放弃已经走过的路，放弃曾经追求的目标。

在现实的马拉松比赛中，几乎不会有哪位运动员跑到一半，却突然转过身去，朝着起点跑去的。因为每一个运动员都有着明确的目标，知道终点线在哪里。即使在半途不小心跌倒受伤，即使由于没有分配好自己的体力没有调整好自己的节奏，导致自己精疲力竭，他们仍然会咬紧牙关坚持跑下去，不达终点线绝不罢休。

然而，在人生的马拉松赛道上，停下来后跑回头路的甚至放弃奔跑的，却大有人在。但是，如果在人生的赛道上遭遇"伤情"或者"疲惫不堪"时，还是应该停下来，好好疗养一下自己，调整一下自己，恢复一下自己。

有些人在迷失的爱情里痛苦不堪，于是停了下来，准备疗养一下受伤的心灵。在停下来后，有些人很可能会发现，其实只要自己愿意多包容一些，爱情的迷雾并不难以散去。

有些人在矛盾重重的友情里烦恼不已，于是停了下来，准备调整一下难过的心情。在停下来后，有些人可能很容易就发现，其实只要自己不放弃，那一段产生了裂缝的友情，还是很有愈合的可能性的。

有些人在破碎的亲情里自责不断，于是停了下来，准备修复一下自己纠结痛苦的心灵。在停下来后，有些人可能很快就会明白，其实多一些沟通，多一点理解，多一些相处，亲情很容易就能恢复到融洽的状态。

在人生路上，我们遇到的很多问题，都能在自己停下来的时候，平心静气地好好地想办法去化解。其实大多数烦恼和问题，并没有我们想象中的那么难以解决。只要你能够发现问题的本质和发生的原因，往往就能让问题迎刃而解。

我们在如跑马拉松似的人生道路上前行时，有时候可以允许自己停下来，但尽可能别让自己后退。事实上，当你拥有了"可以停下，绝不后退"的人生态度，你便更能够直面人生路上遇到的逆境与困厄。当你勇往直前最终达成自己的目标时，当你得到了自己真正想要的东西时，你一定会感激当初没有后退的自己。

在人生路上，有一些是我们必须学习的"课程"，例如，如何正确面对疲倦与失意。在疲惫的时候，我们要学会暂时停下前进的脚步，适时地短暂停留，等休息好了，再踏上后面要走的路。在人生路上，还有一种情况我们也要习惯面对，那就是孤身奋战。这时候我们要学会给自己打气，懂得给自己温暖，知道怎样给自己希望。

总之，活在这个世界上的我们，都应该学会照顾自己，爱护自己。一旦感觉自己疲惫不堪、"电力"不足时，就应该停下来休息一下，补充一下能量。趁着停下来时，我们可以好好欣赏一下周围的美丽风景，反思一下走过的路，总结一下过去的得失。做好了这些后，我们不妨精神抖擞地重新出发，继续迈向梦想之地。

承受：

我们到底要不要与生活讲和

牛奶已经打翻，哭泣也是枉然

抱怨是一种消极的心理状态，除了给人带来更多的烦恼外，毫无益处。既然挫折和失败已经降临，抱怨自己的不幸也好，为所犯的错感到自责也罢，都对解决问题没有作用。

有一位伟人曾经说过："有些事情发生了，再怎么后悔也不能改变。你所能做的只有改变自己。如果你一直认为自己是受害者，不停地抱怨，那你就永远不可能成功。"的确，在困难与挫折面前，抱怨解决不了任何问题。

"不要为打翻的牛奶哭泣"，这是英国非常流行的一句谚语。它向我们揭示了这样一个真理：不幸的事情已经发生，哭泣、抱怨、沮丧丝毫不能改变事实，唯有以积极的态度去面对挫折，才能走出不幸的阴影。创新工场董事长兼 CEO 李开复也是这么认为的，他说："有些事情你不能改变，唯有改变你自己。要是你一直抱怨，一直认为自己是受害者，那就永远不可能成功。"有些大学生抱怨大学"空念"，因为毕业后找不到工作。但是，这样的结局是学校的错吗？是教育制度的错吗？不！这都是你自己的错。不信，你扪心自问一下，上大学的这几年你都干了什么，有没有抓紧时间学习各种知识和技能。人生需要规划，需要努力实践，不能事事抱怨，否则，你将一无事成。

抱怨是一种消极的心理状态，除了给人带来更多的烦恼外，毫无益处。既然挫折和失败已经降临，抱怨自己的不幸也好，为所犯的错感到自责也罢，都对解决问题没有作用。因为牛奶已经打翻，任凭你怎么哭泣，打翻的牛奶也不会复原。

励志大师戴尔·卡耐基的真实经历为我们证实了这个真理。

那个时候，卡耐基的事业正处于起步阶段。在密苏里州，卡耐基开办了一个成人教育班。因为首次做这样的事情，缺乏经验，当在广告宣传、租房、日常管理等方面投入了很多资金之后，他才发现尽管成人教育班取得了十分不错的社会反响，但是他连续好几个月的辛苦劳动却未能换来多大的经济回报，所有的收入只够勉强维持支出。

卡耐基产生了很强的挫败感，并且一直为此苦恼不已。他不停地埋怨自己的粗心大意，对于当初做事过于粗心很是后悔。在很长一段时间内，他都处在这种状态中，整个人看起来精神恍惚、闷闷不乐，根本没有精力做事业。最后，在不得已的情况下，他求助于生理课老师乔治·约翰逊，这位老师十分亲切而诚恳地对他说了一句话："不要为打翻的牛奶哭泣。"正是这句话让卡耐基豁然开朗，一直困扰他的苦恼霎时消失不见了，他的精神也随之振作起来。

"不要为打翻的牛奶哭泣"，看起来似乎是一句十分简单的话，却有着极其深刻的意义。实际上，它是在告诉我们应当以怎样的心态来面对错误与挫折。

"是的，既然牛奶已经被打翻了，漏光了，怎么办？是看着被打翻的牛奶伤心哭泣，还是去做点别的？记住，被打翻的牛奶已成事实，不可能重新装回瓶中，我们唯一能做的，就是吸取教训，然后忘掉这些不愉快。"后来卡耐基经常用这段话鼓励自己的学生，同时也鼓励自己。中国有一个成语叫"覆水难收"，与西方的谚语殊途同归。古老的谚语，尽管说起来十分轻松，但是真正能做到的人并不多。但是能做到这一点的人，必定会在日后有所成就。

有一天，伊丽莎白女士忽然接到了一份来自美国国防部的电报。这份电报的内容是：伊丽莎白最疼爱的侄儿——乔治在北非战场上英勇牺牲了。天啊，这对于伊丽莎白女士来说，简直就是晴天霹雳，令她悲痛万分。在此之前，她是多么幸福呀！她的身体一直都十分健康，有一份很不错的工作，而且还有一个侄子。这个侄子是由她一手带大的，对她很孝顺。在她的眼中，乔治就是天底下最完美无缺的年轻人，任何人都替代不了他。伊丽莎白女士对此十分欣慰，她认为有乔治在，自己所有的付出都有了回报。

但是，这封电报将她的一切都毁灭了。伊丽莎白女士认为，自己的事业已经没什么希望了，觉得自己再也活不下去了。于是，她开始轻视、懈怠工作，忽略自己的朋友。她搞不懂，为什么像她侄子那样优秀的年轻人会这么早地失去生命。正当伊丽莎白女士在这从天而降的灾难中苦苦挣扎时，一封信将她改变了。

这天，伊丽莎白女士在家中为侄子清理遗物，她已经有很长一段时间没有出去上班了。忽然，她发现了一封信。这是一封基本上已经被她抛在脑后的信，那是她的侄子以前写给她的，内容主要是安慰她不要因为她母亲的死而过于伤心。信中有一段话是这么写的："我们都非常思念她，特别是你，我的姑妈。然而，我非常信任你，我知道你肯定能够挺过去，因为在我心中你一直是一个非常坚强的女性。你经常教导我，无论遭遇什么样的困难，我都应当像一个顶天立地的男子汉一样勇敢地面对。"

伊丽莎白女士一边流泪，一边读信，将这封信反反复复地读了很多遍。她觉得就是她的侄子在她的身边与她说了这些话。她忽然感觉，这都是她的侄子乔治的安排，他想要告诉自己："为什么自己不可以依据这些方法去做，将悲伤与痛苦化解呢？"换句话说，伊丽莎白女士认为，这是侄子乔治在让她接受现实。

从此之后，伊丽莎白女士变了。她重新振作起来，认真地投入到工作中，非常热情地对待身边的人。伊丽莎白女士常常告诉自己："乔治已经离我而去了，对此，我无法改变。我可以做些什么呢？我能做的只是像他所希望的那样开开心心地生活下去。"

于是，伊丽莎白女士将自己的精力都投入到工作与生活中，将自己的爱都给了其他人。她培养了新的兴趣，结交了许多新朋友。慢慢地，她忘记了过去的那些悲伤，现在，她生活得很幸福、快乐。

相信你们也一定从伊丽莎白女士身上学到了一些东西吧。没错，那就是既然事实已经无法改变，那就应该坦然接受。

其实，我们每个人就好比是一辆车，而我们的思想就是这辆车的四个车轮。与那些笔直、平坦的高速公路相比，人生之路要崎岖得多，所遭遇的阻碍也多得多。倘若我们为自己安装的轮胎是"强硬"的，那么我们的路途极有可能会非常颠簸。反之，倘若我们将这些挫折吸收，那么，所有的困难与矛盾均会消失得无影无踪，我们也就不必受到忧虑的困扰了。

的确，牛奶已经打翻，哭泣也是枉然。在已经发生的事情面前，无论你怎么哀叹，怎么后悔，也无法改变这既定的事实。我们唯一能做的就是接受这个事实，然后想方设法地去弥补，以便能够得到相对较好的结果。

我们要不要与生活讲和

假如"生活欺骗了你"，不如原谅生活吧，就像原谅一个
不小心犯了错误的朋友。学会与生活和解，遇到困难，马上爬
起来，依然用最充满激情的心去面对生活吧！

生活中充满着智慧，我们要学会从生活中体悟这些智慧，有些智慧是通过胜
利总结出来的，有些是从失败中感悟到的。但无论是成功还是失败，懂得包容，
学会与生活讲和才是最重要的。

著名诗人普希金有一首经典的励志诗歌叫作《假如生活欺骗了你》：

假如生活欺骗了你

不要悲伤，不要心急

忧郁的日子里需要镇静

相信吧，快乐的日子将会来临

心儿永远向往着未来

现在却常是忧郁

一切都是瞬息

一切都将会过去

而那过去了的

就会成为亲切的怀恋

的确，没有人能总是一帆风顺的。有时候当我们陷入困境之中，无论我们多

么努力也还是逃脱不出来，这时候绝大多数人都难免会感到沮丧，会有深深的挫败感，甚至想要放弃。这些都是正常人的心理变化。只不过，我们可以允许自己有一时半刻的消极，却不能长时间地沉沦。如果你想收获生活中的美好，就一定要尽快重新振作起来，战胜苦难。

刚出生的婴儿发出的第一个声音就是啼哭，这似乎也说明了我们来到这个世界，就注定了要和烦恼相伴。但我们也不妨从另一个角度来看待我们的人生。其实，在人生路上，我们既能享受到幸福快乐，又会遭遇不幸挫折，这样的人生才会丰富多彩，当我们老去的时候，回忆起过往时，才会有更多值得我们回味的经历。人生如饮食，就应该各种味道都尝遍，如果只有甜味，而没有酸、苦、辣和咸味，那这样的世界也就感觉不到甜了！

美国著名棒球运动员康尼·麦克曾经诙谐地说："要是我遇上点什么事儿就抱怨的话，那早就已经进棺材了。"在纷繁杂乱的大千世界里，在一波三折的人生旅途上，磕磕绊绊，忧愁烦恼都在所难免。特别是在如今这个快节奏的时代，人在精神和肉体上都高度紧张，烦躁和压抑更是如影随形。人们费尽了心力，活得却并不开心。如果你也是这样的人，那么下面这个人的传奇事迹，很值得你去了解一下。

这个人名叫约翰·库提斯，1969年出生于澳大利亚。自降临到这个世界上就天生严重残疾，17岁时，更被迫切去下半身。然而，仅靠自己的双手，库提斯就在全球近200个国家和地区留下了自己的"足迹"。如今，库提斯为世人所熟知的头衔很多，其中被大家提起最多的有三个：励志演讲家、残疾人网球赛冠军和游泳健将。

他曾来到我国山东省青岛市的天泰体育场，为一万多名听众进行了一场让人终生难忘的演讲。当库提斯"站在"台上后，就用他独特的方式，迅速地调动起了全场听众的热情。在万众期待之下，他开始了自己的演讲内容："从我诞生到世上的那一刻开始，我的人生就是一个悲剧。我刚出生时只有一个咖啡罐那么大，两条腿异常畸形。当时，医生断言，我活不到第二天。事实证明医生的话是错的，因为我到现在还活着，活得好好的，有滋有味。到现在，我已经活了30多年。没有双腿的我，却已经去过了世界上很多地方……"

在将近两个小时的演讲里，库提斯用他那幽默风趣的语言，讲了好些自己从出生到现在发生的趣事，讲了自己面对困难时的态度和方法。他的精彩演讲，赢得了台下持续不断的掌声。

一万多名听众听得如痴如醉、兴趣盎然，不知不觉中演讲已接近了尾声。这时，库提斯突然向听众展示了一件东西，然后说道："万分感谢青岛的朋友，如此热情地款待了我，让我在青岛过得非常开心。我还入住了一家非常棒的宾馆，只是在那里住的时候有一件事情令我现在都还想不通。什么事呢？就是服务生每天都会把这件东西放到我的床底下。"

这时候，坐在前排的听众已经发现，库提斯手里拿着的东西是一双一次性拖鞋，在宾馆里很常见的那种。这时候，台下的听众们开始议论纷纷。待听众们交头接耳了几分钟后，库提斯突然大声地对听众们说："女士们，先生们，假如你还能穿上拖鞋，那么你就是幸运的。无论你遇到了什么让你不开心、受委屈、觉得不公平的事，你也没必要牢骚满腹，怨天尤人，因为至少你比我幸运多了。要知道，世界上不是每个人都能穿拖鞋！"听众们听到这里，马上对库提斯报以最热烈的喝彩声和经久不息的掌声。

库提斯遇到的很多困难，对于绝大多数腿脚健康的人来说，是很难感同身受的。然而，也只有当我们站在他的角度去重新看待这个世界时，我们才会发现，生活给予我们的其实都很多，只是我们不懂得珍惜，不知道感恩而已。

如果你把平常看作"苦海"，你即使身处福中亦不知福；如果你把"苦海"看作平常，那么你会发现生活中处处都有快乐，时时都有幸福。所以，人不要总盯着自己没有的和失去的，要学会珍惜拥有的，懂得知足常乐之道，这样才能真正享受到生活的美好，领略到幸福的真谛。

洛克菲勒是美国的"石油大王"，著名的慈善家、资本家，53岁那年，他得了一种不知名的消化病症，头发全掉光了。他当时的状态被他的传记作者约翰·温克勒记录下来，说他"活像个木乃伊"。曾经驰骋商场，拥有万贯家财，可谓风光无限的洛克菲勒，却因终日缺乏安全感，最终积劳成疾，在中年时期就患上了不治之症，被判了"死刑"。

死亡已经在他不知道的情况下一步步接近着他。这个时候的他非常不情愿地接受医生的建议，选择退休。后来他成立了同名的基金会，尽力让自己保持轻松愉快的心情。"赠人玫瑰，手有余香"，做慈善让他感受到以前所没有得到过的满足感。即使当他面临着被称为"历史上最重"的罚款时，他也只是对律师说："没关系的，律师先生，我本来就打算休息一下的，你也睡个好觉，晚安！"原本早就被宣判了"死刑"的洛克菲勒，真正去世已经是被宣判"死刑"45年后的事了。

生活虽然带给了这位石油大亨严重的疾病，让他几乎要在很短的时间里和生命说再见。但是他没有沉浸在对命运不公的抱怨上，而是学着去接受，同时也不放弃活下去的希望。在烦恼和快乐之中，他选择了后者，最后他收获了快乐的生活，还有本来和他无缘的长寿。

其实生活是没有理由一直对你不公平的，关键在于我们选择了什么样的角度来看待生活。最愚蠢的事情就是跟自己过不去，跟生活过不去，让原本马上就要柳暗花明的局面，也因为你的消极态度而迟迟不得明朗。应当学会与生活和解，毕竟我们都有需要面对的难处，不是吗？

生活大多数时候都不像我们想象得那样美好，不要去抱怨生活的不公，因为这世上本就不存在绝对的公平。所以你的抱怨能改变什么呢？如果你刚好碰见倒霉事，也不要终日地怨天尤人，让自己被埋怨包围，因为那只会让你的生活越来越糟糕。

因此，"假如生活欺骗了你"，不如原谅生活吧，就像原谅一个不小心犯了错误的朋友。学会与生活和解，遇到困难，马上爬起来，依然用最充满激情的心去面对生活吧！到最后，你会发现，是你的选择将你带到更美好的未来！

之所以优秀，是因为生命的锤炼

想要从厄运中摆脱出来，活得更加精彩，就一定要保持积极向上的心态，拥有明确清楚的目标，勇于踩着困难，踏着挫折向前冲，直到摘取成功桂冠的那一刻。

优秀并非是与生俱来的，成功亦不是一蹴而就的。优秀之人能从容淡定地在现实生活中安身立命，获得尊重，赢取成功，都是由于他们具有各种各样美好的品质，是他们天长日久的努力与奋斗的结果。换句话说，他们之所以优秀是因为生命的锤炼。只有把努力当作习惯，懂得生命需要锤炼，不畏艰险，勇往直前的人，才能拥有成功的事业，梦想的生活。

一个具备良好的品质，事事追求"完美"的人，是不需要别人反复叮嘱和严格要求的，他会自觉地把生活中遇到的各种困难和挫折当作一种磨炼，他会严格要求自己，力求精益求精。所以，这种人常常能达到令普通人望其项背的境界。

施罗德就是这样的一个人。1944 年 4 月 7 日，在德国北威州德特英尔德市莫森格镇的一个贫穷的家庭中，迎来了一个新生命，取名为施罗德。在他出生之后，父亲在罗马尼亚战死了。只靠母亲艰辛地抚养，生活极其艰苦。

生活的艰难使他们家负债累累。有一天，债主上门来逼债，母子二人抱在一起大哭了一场。当时，年纪还很小的施罗德轻轻地拍着母亲的肩膀，柔声地安慰道："妈妈，不要伤心了，我保证将来我一定会开着奔驰车来接你的。"从此，他便朝着自己的目标不停地努力。

1961 年，施罗德进入学校学习。由于没有办法支付学费，刚刚初中毕业，他就辍学到了一家零售店做学徒。因为贫穷，他经常遭受他人的轻视，这促使他下定决心必须要将自己的人生改变："我必须要从这里走出去。"于是，施罗德一直悄悄地寻找着机会。

1966 年，他辞了工作，来到一家夜校进行学习。于是，他白天做清洁工，晚上去夜校学习。这不但让他的收入增加了很多，也使他的知识增长了不少，为以后的大学学习奠定了很好的基础。

施罗德从夜校结业之后，又成为一名格丁根大学夜校学生学习法律，从而使他上大学的梦想得以实现。大学毕业以后，他做了一位律师。32 岁的时候，他又成了汉诺威霍尔律师事务所的一名合伙人。

在对自身经历进行回顾的时候，施罗德这样说道："每一个人都要通过自身的勤奋努力，而非通过父母的金钱来使自己接受教育，这对于个人的成长是相当重要的。"

长期对法律的学习和研究，使得施罗德对政治产生了浓厚的兴趣。他积极主动地参与政党的集会，最终成了社会民主党中的一员。从此之后，施罗德在政界慢慢地崭露头角、步步高升。1969 年，他当选为社民党格丁根地区青年社会主义者联合会主席；1971 年赢得了政界的认可；1980 年通过选举成了一名议员。1986 年他通过选举当上了萨克森州州长，并且在 1990 年与 1998 年两次连任。在政坛中如鱼得水的经历，使他想要成为联邦政治家的雄心更加坚定。1998 年 10 月，他当上了联邦德国总理。在他母亲 80 岁生日那天，他亲自开着奔驰车将母亲带到一家很大的饭店，为老人家庆祝。

正是这种坚持不懈的自我推动力，不断激励着施罗德，使他一步一步地向着自己的目标前进、前进，最终实现了自己当初对母亲的承诺。

大多数的成功者，都是在经历了无数次生命的锤炼之后，才取得了引以为豪的成绩。是什么使他们经受住了考验？很显然，答案无疑是他们优秀的品质。那么，大凡有伟大成就的大人物们都具有哪些优秀的品质呢？

其一，乐观自信。

实际上，乐观与自信是一种生活态度，不论我们现在的生活状态怎样，我们都应该相信，只要足够努力，我们一定能够让自己过得富足自得。乐观让我们性格开朗并受人欢迎，自信让我们变得独立、果断和坚强。乐观和自信是相辅相成，相互促进的。

其二，谦虚自律。

谦虚自律是我们对自己的克制和把握，是对自己的一种态度。我们应该学会控制自己的情绪和行为，让自己能脚踏实地，稳步向前。

谦虚谨慎之人，擅长听取别人的意见与建议，能够虚心向他人请教，取长补短。他们对待自己拥有自知之明，取得成绩时不骄傲自满，犯了错误时也不文过饰非，能够主动采取一定的措施，用以改错。

其三，勇敢坚韧。

勇敢、坚韧是我们做事的一种风格，意味着我们敢于挑战、勇于冒险、敢于承担责任；也意味着我们不屈不挠，会用忍耐和沉着来克服困难，赢得胜利。

其四，宽容仁爱。

宽容仁爱是与人交往的原则，是对他人的平等相待。以宽己之心待人，以爱己之情爱人。宽容对一个人意味着气质、胸怀与风度，意味着亲和力、凝聚力与感召力。宽容让彼此认同和理解，甚至化干戈为玉帛。仁爱会使人变得成熟，具有感知力，变得耳聪目明，会让自己融入他人的生活，共同分享各自的喜怒哀乐。

其五，合作责任。

合作与责任是我们对他人、对社会的一种处世原则，意味着我们深知自己是社会的普通一员，是社会链条中的一环。我们来自于社会，生长在社会，得到了他人的关照和付出，又和他人一起推动社会的文明进步，并在一定的时间，用自己的爱心、智慧、勤劳去回馈社会。

正因为他们都具备这5点优秀的品质，并把它们当作自己生活中的习惯，他们才会渐渐地走向成功。

无独有偶，美国第16任总统——亚伯拉罕·林肯的成功也源于此。1858年，亚伯拉罕·林肯在参加参议员竞选时，有一位朋友真诚劝告他不要发表这次演讲。

但是林肯回答说："如果命运注定我会因为这次讲话落选的话，那么就让我伴随着真理落选吧！"坦然的林肯这次虽然落选，但两年之后，亚伯拉罕·林肯终于成为美国第 16 任总统，并且是一位伟大的总统。他的丰功伟绩，为美国的历史增添了光辉的一笔。

为了梦想，我们必须学会勇敢和坚强，敢于迎接挑战，直面磨难。即使失败我们也决不能放弃，大不了重整旗鼓，再来一次，在失败中成就辉煌。只要我们足够勇敢，只要我们足够坚韧，"精诚所至，金石为开"，终有一天我们也会实现梦想。

可惜的是，现在有很多年轻人，被一种颓废心理控制着，他们抱着"做一天和尚撞一天钟""过一天算一天""随随便便混饭吃"的态度来打发每一天的时光。其实，持有这种态度的人，其人生已经没有任何的意义了。他们已经认定了自己的失败，逐渐与正常的生活模式偏离得越来越远。如此自求堕落的人，又怎么会获得成功呢？

大浪淘沙，留下的都是精华。在这纷纷扰扰的社会中，人若一不小心丢失了战胜挫折，征服磨难的信心和勇气，便会很容易坠入平庸无能的"痛苦之门"。想要从厄运中摆脱出来，活得更加精彩，就一定要保持积极向上的心态，拥有明确清楚的目标，勇于踩着困难，踏着挫折向前冲，直到摘取成功桂冠的那一刻。成功是一个持续积累的过程，优秀乃生命锤炼的结果。

忘却不美好，创造新的精彩生活

只要你懂得忘记曾经的不美好，认真地吸取教训，勇敢地前行，那么你一定能创造出精彩的新生活。

将太多的时间与精力放在悼念已经枯萎的花朵上，是一种非常不明智的选择。人生之路还很长，前面还有更多娇艳的花朵，吸引着我们继续前行……请忘记曾经的不美好，全心全意地创造新的精彩生活。

我们活在当下，面向未来，曾经的一切早已逝去，并且再也不可能复返。因此，我们不应该对曾经那些不美好、不愉快的往事或者纷争念念不忘。否则，我们的心灵就会被其腐蚀，从而变得异常怨怼与偏激。

我们都知道，在鲁迅先生笔下有一个很有名的人物——祥林嫂。祥林嫂疼爱的儿子被狼叼走之后，她非常痛苦，心痛得犹如刀绞一般。于是，不管遇到什么人，她都会将自己的不幸说一遍。刚开始的时候，对于她的遭遇，人们还是比较同情的。但是她反反复复地讲述自己的不幸，令身边的人渐渐开始厌烦，她本人也更难受，以至于最终都麻木了。一而再再而三地将自己的痛苦讲给别人听，就会使自己长时间陷在那些痛苦中不能自拔，从而承受痛苦更长时间的折磨。

当然了，我们并非提倡采用逃避的心态，完全不去理会那些伤痛。而是说，一方面，我们的情感不宜长时间停留在痛苦之事上；另一方面，我们应该多为困难与挫折寻找突破口，尽可能地去克服它。

学会忘记不美好，能让我们将心中的烦恼与不良情绪放下，让我们在不如意的时候，有时间喘一口气，从而更好地恢复自己的体力。

哲人康德是一个深谙"忘记不美好"的人。当在偶然之中发现自己最为信赖的仆人兰佩，其实一直在暗地里打自己财物主意的时候，他就将其辞退了。但是，康德对他又很怀念。于是，他就在自己的日记上写下："记住！必须忘掉兰佩！忘记那些不美好的事情！"

实际上，想要真正地将不美好的往事忘掉，并非一件十分容易的事情。不过，当你想起它的时候，一定要懂得不让自己陷入悲伤的情绪不能自拔，一定要防止自己再次坠入恐惧、愤怒、怨恨的哀愁中。这个时候，你最明智的选择就是：转移注意力去做其他事情，比如，出去运动一下或者给自己计划一次旅行等。有一首很有名的禅诗是这样说的：

春有百花秋有月，夏有凉风冬有雪。

若无闲事挂心头，便是人间好时节。

倘若一个人学会了"忘记不美好"，那么不开心就会自动消失，取而代之的便是蓬勃的朝气与耀眼的光辉。很多时候，懂得遗忘就是懂得选择一种心灵上的解脱，是一种促使心灵上的伤口快速痊愈的灵丹妙药。

一位年纪很大的老人在日记本上写下了自己对生命的感悟：

"倘若我能够再活一回，我会尝试更多的错误。我不会总是沉浸在过去，而忽视了未来。我愿意好好休息，随遇而安，在为人处世方面糊涂一点，不对曾经的不美好悲伤或者难过。其实人生那么短暂，实在不值得花时间不停地缅怀过去。

"可以的话，我会朝未来的道路前行，去自己没去过的地方，多旅行，跋山涉水，危险的地方也不怕去一去。以前我经常因为已经发生的些许小事情而懊恼，比如因为丢了东西而深深责备自己，一遍一遍假设要是把东西事先交给某某就好了，然后很长时间都在为丢失的东西心疼。这个时候，我真的非常后悔。以前的生活，我过得实在是太谨慎小心，每一分每一秒都不允许有所失误。稍微有了过失就埋怨和批评自己，还用同样的标准去对待别人，一遍一遍唠叨别人不对的地方。

"如果一切可以重新开始，我不会过分在意宠辱得失，我也不会花很长的时间来诅咒那些伤害过我的人们。诅咒或者伤悲都没有改变事实，还消磨了我生命中不多的时间。我会用心享受每一分、每一秒。如果可以重新来过，我会只想美好的事情，用身体好好对世界的美好和谐进行感受。还有，我会经常去游乐园玩木马，经常去看日出，与公园中的孩子一起玩耍。

"如果人生可以从头开始……但我知道，不可能了。"

人生没有很多如果，人的生命和时间总是有限的，当看完老人的日记以后，你也许就能明白为什么很多老人总是会有一副安详的表情，不急不躁，不过喜也不大悲。因为他们懂得时间的宝贵，把珍贵的时间用来感伤过去，那是在浪费生命。忘记过去，生命应该有更好的价值可以实现。

有位哲人说过，每个人都有错，但只有愚者才会执迷不悟。这位哲人说得很对，在生活中只要我们稍微留心就会发现，我们身边有两种喜欢抱怨的人：喜欢抱怨别人者和喜欢抱怨自己者。喜欢抱怨别人的人容易清醒，喜欢抱怨自己的人容易执迷不悟，只要觉得自己犯了错，就会变得消沉，很难振作起来。无数事实证明，令人陷入长久消沉的抱怨，有如心灵的一颗"毒瘤"，若是不尽快把它"切除"，最终将毁了你一辈子。

在某某村庄中有两个不务正业的年轻人。有一天，他们两个人约好一同去偷羊，但在偷羊的时候却被主人当场抓住了。

根据当地的风俗：只要是偷窃的人，就一定要在其额头上刻字。于是，英文字母 ST，也就是偷羊贼（Sheep Thief）的缩写，被刻在了这两个年轻人的额头上。

这让两个年轻人感到非常羞愧。其中一个人年轻人因为不能忍受来自他人嘲弄的目光，就选择了离开家乡到别的地方生活。可是，不管他走到什么地方，总会招来很多人好奇的目光与询问："为什么你的额头上会有字母呢？那字母是什么意思啊？"这个年轻人因为这种询问感到很痛苦，一辈子都闷闷不乐、郁郁寡欢。

另外一个年轻人刚开始时也由于自己额头上的字母而感到万分羞愧，也曾产生过远走他乡的想法。可是，他在经过十分慎重的考虑之后，最终做出了留下来的决定。他下定决心用自己的实际行动来对这份耻辱进行洗刷。

转眼，已经过去了几十年，这个人在当地的名声越来越好。人们对他正直而善良的品行大加称赞。有一位从这里经过的外乡人看见这个满头白发的老者额头上有字母时，感到非常好奇，就去询问当地人。当地人说："时间过去太久了，我也记不清楚了。不过，我觉得那应该是圣徒 (Saint) 的缩写吧！"

俗话说："人非圣贤，孰能无过。"没有人可以一生都不犯错误。犯下错误并不可怕，可怕的是犯下错误之后，不懂得"遗忘"，不懂得及时改正，只是一味地沉浸在抱怨与痛苦之中。

只要你懂得忘记曾经的不美好，认真地吸取教训，勇敢地前行，那么你一定能创造出新的精彩生活。

聪明的人都懂得给生活留白

　　人之所以会觉得活着很累，就是因为欲望太多，永远也得
不到满足，永远在抱怨得到的太少，永远处在追求的路上。

　　家里有菜园子或是种过地的人可能都有经验，为了把自家的菜地隔出来，我们都会在菜地边上围上一圈竹篱笆。有的人会觉得围竹篱笆是一件很麻烦的事，不如直接用土块砖泥堆上一周。其实圈这个竹篱笆也是有技巧的，因为在篱笆中间总是要保持一定的空间，这样阳光和风才能从这些空隙中进来，篱笆里的那些小幼苗才能健康地生长。

　　所以这些看似松散的篱笆，即阻挡了鸡鸭们淘气放肆的侵扰，又标记出了自家田地的界限，而其中的空隙还保证了阳光能顺利地照进来。对，就是这个空隙，这种叫距离的空白，给了生命应有的绿色。

　　人生又何尝不应这样呢？适度地留一些空白，不要让自己活得太累，正所谓"日中则昃，月满则亏"，人生太过完满并不是一件好事。只有留下一些空白的地方，你才有机会领略到生活中更多意想不到的美妙。

　　其实，生活中我们要留的这个"白"，还可以被理解为放下过多的欲望。现实生活中，有太多人因为自己的欲望无法满足，所以总是觉得活得吃力、活得无趣。他们抱怨生活不肯给他们想要的，殊不知是因为自己想要的太多了。其实他们倒不如给自己的欲望留下点空间，让生活本身去填充这些空间，说不定反而会有意外之喜。过多的欲望非但不是人们前进的动力，反倒是人们给自己背的包袱，使自己前进的脚步变得格外沉重。

从前，有一个牧羊人，一次帮财主放羊的时候，偶然进入一个神秘的山洞。好奇心驱使牧羊人一步一步地往里走。走着走着牧羊人发现，就在洞的深处，一片金色的光照过来，原来是一个装满金银珠宝的宝库。

"天哪，这该不会就是传说中的天下第一的宝藏吧？"牧羊人心中大喜，他从来没有见过这么多宝物。他小心地走过去，从宝物堆上拿了一块小小的金条，并自言自语道："要是我不帮财主放羊了，这个金条也够我活一辈子的了。"他边说边从山洞里出来，回到放羊的山上。"够用了，够用了。"他嘴里一边念叨着，一边不慌不忙地将羊赶回了财主家里。随后他找到财主，并将他的发现如实地禀告了财主。

末了还把自己拿走的那块金子拿出来给财主看，让他看看到底是真是假。财主"一看二摸三咬"之后，确定这是真的金子，便一把拉过牧羊人，急切地问藏金子的山洞到底在哪里。

牧羊人把山洞的大体方位对财主讲了，财主立刻命管家与家仆赶往牧羊人说的那座山。他还是担心牧羊人在骗他，干脆让牧羊人直接给自己带路。当他走进山洞，真的看见一堆泛着奇异光彩的宝物时，他兴奋得不得了。赶紧将珠宝金条装满了自己的衣袋，还招呼着管家与家仆也一起来拿。

就在财主准备把牧羊人支走，和仆人们一起带走所有财宝的时候，四周传来了一个声音："人啊，不要太过贪婪啊，天一黑，洞门就关了，到时候你不仅得不到半两金子，恐怕连命也保不住了。"可是见钱眼开的财主哪里听得进去啊！他想，这山洞这么大，四周的石头又那么坚硬，就是天大的石头砸下来，也弄不塌这个山洞。他又看了看眼前那些还没装进衣服里去的财宝，想着："何况这可是真正的金银财宝啊，不拿白不拿！"于是，财主和他的家仆们还是不停地搬，非要把山洞里面的财宝全都搬空不可。

突然，就在最后一块金条被财主拿在手里的时候，山洞四周忽然传来一阵轰隆隆的巨大声响，仿佛雷声一般，整个山洞瞬间被从地下冒出的岩浆吞没了。财主和自己的家仆们就这样和那堆财宝一起被湮没在了火山的岩浆中。

人之所以会觉得活着很累，就是因为欲望太多，永远也得不到满足，永远在抱怨得到的太少，永远处在追求的路上。但是客观地说，人生也不可能完全没有欲望。米兰·昆德拉说过："欲望是一种美！"适当的欲望让人有了奋斗的激情，其实这也是成功的原动力。健康强健的身体、和谐幸福的家庭、衣食无忧的生活……都是我们获取幸福的各种保障。然而，很多人即使拥有了这些，还是毫不满足，让自己拥有了更多的欲望。

无可否认，每个人都应该拥有适度的欲望，适度的欲望能给我们带来快乐、愉悦和幸福，过度的欲望则会成为我们在人生道路上前行时压在肩头上的无形枷锁。如果欲望过甚，甚至会成为束缚我们自由，让我们失去幸福的牢笼！在我们生命中，最大的智慧是什么呢？众说纷纭。而笔者要说，人生最大的智慧，是能够了解自己需要什么或者不需要什么，知道自己什么样的东西可以争取，什么样的东西应该放弃。换言之，拿得起，放得下。

我们对生活的需求，也许有如每个人对水的需求。我们为了解渴，需要用容器如杯子、碗、壶之类的盛水。无论我们用什么样的容器来盛水，本质上都是为了让我们喝到里面的水，以便让我们解渴，让我们用水来滋养生命。然而，在现实生活中，有太多太多人，更关注的是盛水的容器。例如，他们会关注杯子是用什么材质做成的，是金杯银杯还是夜光杯；他们会更在意碗是不是瓷制的，是宋瓷元瓷还是明瓷清瓷……很多人可能忘了，让我们幸福的其实是"水"，而不是"盛水的容器"。如果我们的欲望只是想"喝水"，其实并不难达成。可是我们的欲望如果变成了对"盛水的容器"的无度追求，那么我们将面对的就只能是欲壑难填，离幸福越来越远的局面。

接受现实比抱怨不公更好

我们要学会接受现实，适应环境，并将"不公平"的思想抛在脑后，以轻松的心情创造全新的生活。如果我们总是抱怨，就会在抱怨声中丧失奋斗的动力，甚至于一辈子碌碌无为。

生活中不存在绝对的公平，我们要学会接受现实，适应环境，并将"不公平"的思想抛在脑后，以轻松的心情创造全新的生活。

我们时常会听见有些人发出这样的抱怨："这世界真不公平！""凭什么他那么幸运？"接着，这些人便声情并茂地对自己经历的坎坷和挫折进行大肆地描述，试图让他人相信，他是这个世界最不幸的人。其实这些人并不见得就真有他们描述的那么惨。他们只是目光比较短浅，只站在自己的角度去看待生活中遭遇的挫折，抱怨生活的不公平。从哲学的角度来说，这其实是一种唯心的观点，是很不正确的。

到底怎么样才算"公平"？关于这个问题的答案恐怕就是见仁见智了。不同的人，有不同的回答。世界上没有完全相同的两片叶子，人也是一样，每个人从出生的那一刻起，就注定了和他人有所不同。比尔·盖茨就说过：人生是不公平的，习惯去接受它吧！请记住，永远都不要抱怨！

大概我们都承认这个世界上存在着这样一种现象，那就是这个世界有穷人也有富人，但是很多时候，随着时间的推移，穷人会变得越来越穷，富人会变得越来越富。这也是一种"不公平"。但是，造成穷人和富人之间的差异的，除了运气和机遇以外，其实还有他们自身的原因。

有句话说得好："人们只注意到富翁坐在奔驰车上，却很少有人注意到他因为操劳而变成秃顶。"

人们容易注意到别人身上耀眼的光环，羡慕别人的成功，却不容易注意到他们为之付出的汗水和努力，这就容易导致"不公平"的想法产生，出现怨天尤人的情况。其实这种抱怨无非都是借口，都是为自己不敢正视现实而找的借口。其实人们越是这样就越是无法认清自己，不能从自己身上找原因，认识不到问题的关键所在，反而将责任推卸给社会和别人。

所以，不要整天抱怨"世界不公平，自己的命运不好"，这只会浪费你自己的生命和精力，进而还有可能放弃自己对生活的信念。你应该明白，这些"不公平"的存在只决定了你的起点，但它无法决定你的终点。很多出身不好的人，经过自己的努力也可以成为改变世界的大人物，而很多出身不错的人，因为后天的自由散漫，反倒令人不齿。这样的例子太多了。所以说，只要人们放下抱怨，脚踏实地地生活和工作，不管遇到什么样的困难挫折，都坚定不移地勇往直前，生活随时都会出现转机。

20世纪90年代，很多国企的职工都下岗了。李春花和她的丈夫也在其中，他们夫妻二人同时失业了。失去了生活来源，夫妻俩一时间陷入了困境。起初他们也觉得生活很不公平，但是抱怨改变不了失业的事实，抱怨之后还是要生活。那段时间夫妻俩互相安慰，消沉了一段时间之后，他们就决定依靠自己的力量来改变现实。

1999年，李春花和丈夫从家乡来到成都，他们在市区的黄金地段租下了一个小店面，开了一个经营各种日用百货的商店兼卖稀饭。为了商店能够顺利开张，他们将之前辛辛苦苦攒下的三万多元全都投进去了。他们夫妻二人虽然起早贪黑地干活儿，然而，店面开张仅仅三个月，就赔了五千多块钱。

这一次，李春花没有丝毫的抱怨，因为她知道商店的收益不好一定是因为经营上存在着问题。如果不想办法解决这个问题，就只有死路一条。可是，究竟问题出在哪里，又该如何解决呢？她想，之所以他们商店的客流量不大，是因为他们的小店一点特色也没有。在闹市区店铺林立的环境下，自己的店很容易就被淹没了。因此，他们首先需要突破店铺没有特色这个难题。中国人喜欢喝稀饭，把稀饭加入午饭和晚饭的菜单可不可以呢？李春花的丈夫觉得这个想法不错。两人经过一番探讨之后，决定将稀饭做成正餐，并推出了多种口味。为了打出自己的品牌，他们还起了一个响亮的名字——李姐稀饭大王。

说干就干，第二天他们就按照计划采取了一系列的行动。夫妻两人相互配合，十分默契：李春花负责宣传，她在当地做了一系列的小广告，提出了颠覆传统的餐饮理念，将稀饭当正餐，把稀饭当营养餐；而丈夫负责研究稀饭的品种，推出各种营养又美味的稀饭。很多人看到了李春花的广告纷纷来店里尝鲜，他们吃过后都非常满意。一传十，十传百，很快，小店招牌就立起来了。甚至有很多远道而来的客人，专程到此点名要品尝特色稀饭。

为了进一步满足顾客的需求，李春花夫妇开始研究更多种类的稀饭，还搭配别的菜品推出了一系列套餐。后来他们还请教了老中医，成功推出了具有清热解毒、美容养颜、止咳化痰等保健功能的稀饭，"李姐稀饭大王"的名声越来越响亮。

2001 年，李春花和丈夫将"李姐稀饭大王"注册了商标，随后又开了几家连锁店。据说，在成都，一到吃饭时间，就有上千的食客到"李姐稀饭大王"用餐，很多食客为了能吃到那里的稀饭，不惜等上一两个钟头。如此多的人在一间小店里齐刷刷地吃稀饭，场面蔚为壮观。

李春花夫妇的成功正说明了凭着自己的努力，人是可以将困境转化为顺境的。只要不抱怨、不放弃，人们就可以取得成功。

生活不可能绝对公平；工作也不可能一帆风顺。我们要学会接受现实，适应环境，并将"不公平"的思想抛在脑后，以轻松的心情创造全新的生活。如果我们总是抱怨，就会在抱怨声中丧失奋斗的动力，甚至于一辈子碌碌无为。

正视现实，坦然面对生活中的磨难，这样你就不会陷入自我伤感中，也不会幻想仅仅依靠抱怨就能换取生活的怜悯，得到所谓的"公平"。正视现实的人们知道，生活虽然关上了一扇门，但同时也会为你打开一扇窗。你若只顾在那扇关掉的门前顾影自怜，就连窗外的风景也错过了。努力探寻窗外的风景，人生可能因此而获得另一种美。

抗挫：

要能度过光明到来前的那一段黑暗

经历过挫折的人才是真正的强者

挫折是成功人士的必需品，有些人选择了勇敢接受，有些
人选择了逃避。不同的选择自然会有不同的人生。

我们每个人都会面临各种各样的挑战和挫折，这时候，你抗挫能力的高低，决定了你未来命运的好坏。成功并非一个让你停留的海港，而是一次藏着不少危险的旅程，人生的精彩即在此次旅行当中能否做一个令人羡慕的大赢家。而挫折是成功人士的必需品，唯有那些不畏惧挫折、敢于挑战自己的人，才能最终打开成功的大门。

有一天，一个很有学问的人遇到了上帝，他十分生气地质问上帝："我是一个知识渊博的人，为何你就是不给我功成名就的机会呢？"

上帝听了之后很是无奈地回答道："尽管你很博学，但你每一样都只是尝试了一点点，没有耐心深入研究，你有什么资本去功成名就呢？"

那人听了之后，觉得有道理，就开始苦练钢琴。后来，他的钢琴弹得非常出色，却仍然没有出名。

于是，他又去质问上帝："上帝啊！你看，我已经能专心将钢琴弹奏得非常出色了，为什么你还是没有给我功成名就的机会呢？"

上帝摇着头回答："不是我没有给你成名的机会，而是你自己没有把握住机会。我暗地帮助你去参加钢琴比赛，但是第一次你没有信心放弃了；第二次你缺乏勇气又放弃了，这不能怪我啊！"

那个人听了上帝的话之后，又苦苦练习了好几年，拼命建立信心，并鼓足勇气参加了钢琴比赛。这次，他弹奏得相当完美，但是因为裁判的不公正而被别人将成名的机会抢走了。

那个人垂头丧气地找到上帝，说道："上帝啊，这次我真的已经竭尽全力了，看来，我这一辈子都不可能功成名就了。"

上帝面带微笑地对他说道："其实，你已经快要打开成功的大门了，只不过还需要最后一跃而已。"

"最后一跃？"他听后，两个眼睛瞪得大大的。

上帝点了点头，说道："你实际上已经拿到了成功的入场券——挫折。而成功就是挫折送给你的最好的礼物。"

那人在心中暗暗记住了上帝的话，在面对挫折的时候，毫不畏惧，勇敢地挑战自我，最后，他果真取得了成功。

人不可能永远都生活在阳光之下，在生活中不可能不经历挫折与失败。挫折可以令人变得成熟，成就一番事业，但也可能使人丢失信心、失去斗志。一个人在挫折面前只有坚持不懈、勇于挑战自己，随时准备把握住稍纵即逝的时机，才有可能登上人生最高的山峰，看到最美的风景。

从前，山里住着一户人家。父亲是个经验丰富的老猎手，在山里生活了几十年，走崎岖的山路就好像走平坦的大路一样，从来没有出过什么意外。但是，有一天，因为天降大雨，山路十分泥泞，他一不留神就跌到了山崖下面。

当两个儿子把父亲找到抬回来时，他已经快要不行了。临终之际，他用手指了指挂在墙上的两根绳子，断断续续地说道："那两根绳子给你们两个人，一人一根……"还没有将自己的真正用意说出来，这位父亲就死了。

将父亲埋葬之后，兄弟两个人继续过着打猎的生活。但是，山中的猎物越来越少。有的时候，他们奔波了一整天却连只野兔都打不到。他们的生活过得更加艰难了。

有一天，弟弟与哥哥商量："哥哥，要不咱们做些别的吧！"

哥哥一口回绝了："不行！咱家祖祖辈辈都以打猎为生，我们还是老老实实地做猎人吧。"

弟弟看到哥哥不赞同，就将父亲给他的那根绳子拿上独自走了。

弟弟先是砍了一些柴，用绳子将这些柴捆了起来，将柴背到山外卖了换钱。后来，他无意中发现，山外的人都非常喜欢一种山里的野花。而且这种野花漫山遍野都有，却因为卖的人少，所以价钱很高。从此之后，他就不再砍柴了，而是每天弄一捆野花带到山外去卖。

几年之后，他攒足了钱，自己盖起了新房子。

而哥哥仍然住在自家那间非常破旧的老屋中，安安分分地做着猎人。因为经常打不到猎物，所以哥哥的生活变得越发拮据。于是，他整天皱着眉头，无奈地叹气。

一天，弟弟趁着空闲时间来看望哥哥，却发现哥哥已经用父亲留给他的那根绳子上吊了。

同样的两根绳子，却造就了不同的两种人生。有的人在困难面前选择了挑战自我；有的人选择了畏惧退缩。幸福永远都不会同情弱者，在挫折面前倒下的人永远得不到幸福。

人生路上，遇到拒绝、困难与挫折，是很平常的事。然而有些人在遭遇拒绝后很快就放弃了，不再尝试第二次；有些人在困难与挫折面前，很容易就退缩了。但是，在拒绝、困难与挫折面前，总有一些人会勇敢地与之面对，并想方设法战胜它们。在这些人里，有一位曾有过被拒绝了1849次仍然坚持尝试的年轻人特别值得世人敬佩。

这位年轻人当时尽管穷困潦倒、手上所有的钱都不够买一件西服，但依然没有放弃过自己那"当演员、拍电影、做明星"的梦想。当他写好了一个剧本后，他便将好莱坞500家电影公司排好顺序，然后带着剧本挨个儿前往拜访。

当他将这500家电影公司都拜访了一圈后，没有一家公司愿意投拍他的剧本，也没有一家公司愿意请他拍戏。他并没有气馁，又开始从第一家电影公司开始拜访，继续他对这500家公司的第二轮拜访。

第二轮的拜访结束时，他得到的依旧是这500家电影公司的拒绝。于是，他又开始了第三轮的拜访。结果依旧是被这 500 家电影公司拒绝。他依旧没有放弃，开始第四轮的拜访。当他拜访完第 349 家公司后，第 350 家电影公司答应留下他的剧本先看一看。过了几天，那家电影公司让他去商谈投资拍摄这部电影的详细事宜。后来，年轻人成了这部电影的男主角。这部电影叫《洛奇》，这位年轻人叫史泰龙。通过这部电影，史泰龙一举成名天下知！

史泰龙在先后被拒绝 1849 次后，如果还是没有公司愿意投资这部电影，那么他肯定还会坚持拜访下去。面对困难，他没有打退堂鼓，而是选择继续下去，最终他获得了伟大的成功。

面对挫折，有些人会自暴自弃，或者选择逃避。这样的人最终也不会取得什么成就。而选择勇敢面对挫折、爬起来再战的人，即使多次受挫，也依旧可以让自己站起来，坚强地走下去，他们最终将打开成功的大门。

挫折是成功人士的必需品，有些人选择了勇敢接受，有些人选择了逃避。不同的选择自然会有不同的人生。面对挫折，人们只有战胜它，才可以让自己的人生更好地走下去。如果人们一遇到挫折，就选择逃避，那只会让自己的人生一直处于灰暗中，永远也无法看到阳光的灿烂。

黎明前的黑暗是太阳日出前的阶段，人生想要获得黎明，人们也需要经历黑暗。只有经过这段黑暗，才能看到冉冉升起的太阳。遭遇挫折后总结教训，弥补不足，不断地完善自我，人们最终才能看到成功的曙光。直面挫折，勇敢前行，唯有经历过挫折的人，才是真正的强者。

彩虹之前必有风雨

> 历经挫折是为了让我们更好地珍惜那来之不易的成功。而成功本身，就是那些在挫折中坚强不屈挺过来的人所获得的最好的奖章。

"不经历风雨，怎么见彩虹，没有人能随随便便成功……"这段旋律，可谓是耳熟能详。若是认真思考一下，你会发现事实也的确如此。人活在这个世界上，不管是谁，都会遭遇挫折。英国哲学家培根曾经说过："超越自然的奇迹大多是在对逆境的征服中出现的。"

适当的挫折，有利于我们将惰性赶走，催促我们奋发前进。当然了，它也可以成为另一个成功的契机。而健康乐观的心态，有利于我们直面困难、挫折与悲剧。当我们战胜了不幸，征服了逆境，我们就能跟幸福不期而遇，与伟大携手前进。

1964年9月，一声巨响突然从斯德哥尔摩市郊传了出来，与此同时，大量的浓烟瞬间冲向天空，火焰凶猛地向上蹿着。在短短几分钟内，一场惨不忍睹的祸事发生了。当受惊的人们来到现场的时候，只看到原本屹立在这个地方的一座工厂消失了，只剩下残破荒凉的断墙。在火场的旁边，站着一个已经被吓得面色惨白、浑身战栗的年轻人……

这个命大的年轻人便是后来在全世界都很有名的阿尔弗雷德·诺贝尔。诺贝尔目睹了这场灾难将他的硝化甘油炸药实验工厂毁灭的整个过程。人们从残砖碎瓦中找到了 5 具尸体，其中一个是诺贝尔正在读大学的弟弟，而其他的人都是与诺贝尔日日相伴的助手。这 5 具尸体已经被烧得焦烂了。诺贝尔的妈妈知道自己的小儿子惨死时，哭得死去活来，而诺贝尔的爸爸因此而引发脑溢血，导致其半身瘫痪。

这件事情发生之后，警察局马上将爆炸的现场封锁了起来，并且给诺贝尔下了禁令：不能再重新建立这样的工厂。从此之后，人们都躲着诺贝尔，就好像他是瘟神一样，再没有一个人愿意将土地租给他，让他做危险性这么高的实验。

然而，这样的困境并没有阻止诺贝尔前进的脚步。几天后，人们在距离市区比较远的马拉伦湖上，发现了一只非常大的平底驳船。这艘船上并没有像其他船那样装着某些货物，而是装着各类设备，一个年纪不大的人正在一丝不苟地做实验。没错，这个人便是被人们讨厌并赶走的诺贝尔！

诺贝尔仍然坚持做着实验，他从未想过要将自己的梦想放弃。他终于研发出了雷管。在爆炸学上，雷管的发明可以称得上是一项极其重大的突破。那个时候，随着不少欧洲国家加快了工业化的进程，不管是开矿山、修铁路，还是开凿隧道或挖运河，都必须要用到炸药。

于是，人们又对诺贝尔表示亲近了。在这种情况下，他又将自己的实验室搬到了温尔维特，正式创建了第一座硝化甘油工厂。随后，他又在德国的多个地区创建了炸药公司。

诺贝尔研发的炸药经常被抢购一空，诺贝尔的财富也迅速地积累起来。但是，刚刚尝到成功喜悦的诺贝尔，似乎总是和灾难如影随形。各种不幸的消息一个接着一个地传来。在旧金山，装载着炸药的火车因为在运行的途中发生震荡而爆炸了，火车被炸得面目全非；德国一个很有名的工厂因为在对硝化甘油进行搬运的过程中发生碰撞而爆炸了，不仅整个工厂被炸没了，就连周围的民房也被炸成了废墟……

当令人惊恐的消息相继传来后，人们再次对诺贝尔产生了强烈的畏惧，甚至把其视为"灾星"与"瘟神"。随着这些消息的传播，他遭到了全世界人民的咒骂。人们再一次抛弃了诺贝尔。更确切地说，全世界人民都将本应自己担负的那份事故责任转嫁给了诺贝尔一个人。

即便是陷入如此困境中，诺贝尔也不曾一蹶不振，他的身上似乎有永不消失的坚强毅力与坚定恒心，使他毫不犹豫地向着自己选定的目标前进，永远不会退缩一步。在实验的过程中，他已经习惯了死神在自己的身边。

无所畏惧的勇气与坚持不懈的恒心最终将诺贝尔的潜能激发了出来，使他将炸药征服了，将死神吓退了。诺贝尔取得了巨大的胜利，他一生中得到了共计355项专利发明权。他利用自己积攒起来的巨额财富建立了诺贝尔奖，国际学术界将其看作是一种无比崇高的荣誉。

挫折，是成功的朋友，其中孕育着辉煌。成功的到来，大都伴随着挫折。很多时候，挫折会先于成功而来，一遍一遍，久久不愿离去。其实，经历挫折是为了让我们更好地珍惜那来之不易的成功。而成功本身，就是那些在挫折中坚强不屈挺过来的人所获得的最好的奖章。

在16岁那年，史坦雷先生在一家五金公司上班，担任收银员。为了得到经理的赏识与重用，他每天都很努力地工作，总是想方设法把工作做到最好，而且他很爱学习，很希望迅速提高自己的业务水平。可他万万没想到，经理不但没有提拔他，反而对他说："你这种人根本不配做生意，你走吧！我这里用不着你了。"

史坦雷听了之后如五雷轰顶，他没想到自己努力工作的结果却是被辞退。一个年轻气盛的人，踏入社会不久便遭到这样的挫折，换了谁也受不了，脾气坏一些的人可能早已暴跳如雷了。可是史坦雷没有这么做。尽管心里十分气愤，但他抑制住激动的情绪，装作平静地对经理说："好的，经理。说我没有用，这是你的自由。我不能干涉你说话的权利，但是，你看着吧！我将来要开一家规模比你大10倍的公司！"

史坦雷没有被暂时的挫折打倒，反而比以前更上进了。因为他有了更大的目标。每次遇到困难的时候，他就想起经理的那番话。无论遇到多难的事，他都咬着牙坚持了下来。几年后，他果然做出了惊人的成就，成为美国著名的"玉米大王"。

我们每个人在生活中都会遇到各种挫折，最好的对策就是正视它，并把它视为机遇。就如同在一年四季里，肯定有风雨交加的时候。不过狂风暴雨可以一洗大气中的尘埃，使空气变得清新，还可能在疾风骤雨后出现绚丽迷人的彩虹。

人生路就是这样，当你面对人生中的风风雨雨时，记得保持平和的心态，不要退缩。这样，幸运女神就会青睐于你，送你到达人生的顶峰。

化悲伤为力量，是摆脱不幸的最佳方案

> 有的时候，不幸也并不完全就是坏事，它也可能会成为一种推动人前进的动力，促使我们立即采取行动，锻炼并提高我们的素质与本领。

印度有这样一句箴言："人生真正的圆满，并不是平静乏味的幸福，而是勇敢地面对所有的不幸。"人们会由于"勇敢地面对一切不幸"而变得十分顽强与深邃，并且从中获得巨大的益处。与此同时，"不幸"也可以将潜藏在我们身体中的巨大能量激发出来。倘若没有"情势所逼"，我们身体中的这种巨大能量很难发挥出来。

1945 年 8 月，在第二次世界大战对日本作战胜利纪念日后的第三天，玛丽·艾丽丝·布朗夫人参加完儿子的葬礼，回到自己的家中，一个人站在空寂的房间中出神。

在几年前，她的丈夫因为车祸去世了。没过多长时间，她最爱的母亲也去世了。布朗夫人对于当时的情况是这样描述的：

"钟声和哨笛宣告了和平的到来，但是我的唯一的儿子唐纳却再也回不来了。在此之前，我的丈夫与母亲也先后身亡，整个家中就只剩下我一个人了。从孩子的葬礼上回来，进入空寂的家中后，一种难以言喻的孤独寂寞感席卷而来。我这一辈子都忘不了那种感觉——任何一个地方都没有我家空寂。我差一点儿在悲伤与恐惧中窒息而死。如今，我不仅要学会独自一个人生活，而且我还要对生活的方式加以改变。我内心深处最大的恐惧，就是担心自己会由于伤心过度而发疯。"

很长一段时间，布朗夫人都陷在极度的悲伤、恐惧以及孤独中不能自拔，痛苦与惶惑让她感觉无比茫然而又不知所措，她怎么都不愿意接受现实。

布朗夫人接着说道：

"我认为，时间会将我的创伤抚平。可是，时间过得实在是太慢了，我暗暗地想：我一定要找点事情来做，以便很好地打发时间，于是我选择了出去工作。

"就这样，随着时间的推移，我发现我又重新对生活、同事以及朋友们产生了浓厚的兴趣。我慢慢地明白，不幸的事情已经悄然离我而去了，未来的所有事情都在慢慢地变好。而我曾经是如此的愚笨，抱怨上天没有公平地对待我，不愿意接受现实。然而，时间将我改变了。

"尽管这一天来得比较缓慢，并不是几天，也并非几个星期，它是慢慢地来到的；可是最为重要的是，我最终学会了怎样去面对无比残酷的现实。

"如今，每次当我回忆起那些往事的时候，我都会感觉自己就好像一艘航船，在经历了大风大浪之后，终于在平静的大海上开始慢慢航行。"

就像布朗夫人亲身经历的那样，有些哀痛确实会让人们难以承受，但是最终人们必须学会接受。当布朗夫人决定接受失去亲人这一不幸事实的时候，她已经做了非常充足的准备，让时间来帮助她疗伤。可是，刚开始的时候，她只是陷在痛苦中难以自拔。在这种情况下，时间也没有办法帮助她治愈伤痛。

诚然，失去亲人是非常不幸的事情，但是我们没有别的办法，只能接受它。有的时候，我们的生活被悲伤分割得七零八散，也只有时间才可以将其缝合起来。但前提就是我们一定要给自己充足的时间。当悲剧刚发生的时候，世界似乎也跟着停滞不前了，我们陷入了无比悲痛的境地。可是，我们必须要克服这种悲痛，继续向前走。这个时候，唯有回忆一些以前开心的事情，我们才会感觉好一点儿，才能将我们内心的悲痛取代。所以，当我们遭遇不幸的时候，不要一直悲伤与怨恨，我们应当勇敢地接受那没有办法逃避的现实，时间会帮助我们从不幸中走出来的。

有的时候，不幸也并不完全就是坏事，它也可能会成为一种推动人前进的动力，促使我们立即采取行动，锻炼并提高我们的素质与本领。这样一来，我们就会变得更加聪敏，最终从困境中摆脱出来。

《哈姆雷特》有一句不朽的名言是这样说的："行动起来！对抗一切困难，将它们排除出去！"的确，勇敢地面对所有困难，将悲伤转化为力量，是摆脱不幸的最佳方案。

小美的钱包被人偷走了，她很是心烦，因为不仅是钱不见了，她的身份证也在那个被偷走的钱包里。她的户口在邢台，而她现在在北京打工，办身份证还要来回跑，很是麻烦。

不过，这样的烦恼并没有持续很长时间，一个朋友的话让她顿时醒悟。朋友对小美说："钱包已经不见了，你再怎么想，它也不可能重新出现在你的面前。钱丢了事小，如果好心情没了，影响你的食欲，影响你的健康，就太不值得了。身份证办起来是很麻烦，却让你多回家几次，增加了与家人见面的机会，这也是一件挺好的事情呀！"

朋友的一番话使小美心情豁然开朗起来。如果我们能换一个角度来思考问题，或许失去也不是一件坏事。

小美这位朋友面对生活的态度是积极向上的。当生活的不幸与挫折来临时，我们就要像这位朋友一样，用一颗乐观、豁达、健康的心去面对，那样你会发现其实生活处处是美好。

每个人都不能逃避困难与不幸，但秉持不同的心态，最终会有不同的结果。如果你总是沉浸在那些不幸中，那么你只能唉声叹气地过一辈子；如果你能够保持乐观心态，化悲伤为力量，那么你就可能走向光明，走向成功。

也许有人会有这样的疑问："为何这种不幸的事会发生在我的身上呢？"那么，他（她）得到的回答只能是："为什么就不可以呢？"只要是人，就会经历各种苦痛与快乐。生活告诉我们，在痛苦面前，任何人都是平等的。当悲伤、烦恼以及不幸降临的时候，国王也好，农民也罢，抑或是乞丐，都会在精神上经历相同的折磨。

通常只会不停抱怨的人，他们永远不会懂得，悲剧的产生犹如人的出生与死亡一样，都是生活中非常重要的组成部分。因此，倘若你想要让自己迈向更加成熟的人生，那么请认真记住一项法则：勇敢地面对生活中的不幸，并且将悲伤转化为力量。

光明到来前必有一段黑暗

在面对人生中的困难与挫折的时候，很多人都会抱怨，但是，困难与挫折也是人生中的磨砺和考验。只有不断经历打磨的人生，才会像成为神像的石头那样活出不一样的精彩。

困难是人的一生中必须要经历的事情。有些人遇到困难只会烦恼和抱怨，最终也不能很好地克服困难；有些人则是勇敢地面对困难，依靠自己的努力，不断地克服困难。每个人的人生境遇都会有好有坏，每个人的生活都难免会遇到昏暗面与光明面。乐观的人往往关注生活中的光明面，悲观的人则习惯于看昏暗面。在人生路上，每个人都必定会遇到各种各样的困难，而面对困难时的心态与处理方式，决定了不一样的命运。当困难降临到我们身上时，正确的处理方式是，勇敢面对，坚定信念，绝不抱怨，绝不逃避，想方设法解决它。当你每一次面对困难时都能够这样做，你往后的人生之路将越走越顺畅，越走越开阔。

不过，小赵也不是一开始就那么乐观与坚强的。比如，当年她曾两次高考落榜，那时候她也曾感觉到天空一片黑暗，不知道光明什么时候才能回来。第三次参加高考，尽管走出考场时，她一个劲儿地跟自己说"不能落榜，不能落榜，不能落榜"，但结果她又落榜了！那一瞬间，她的心情糟糕透了。虽然当时天气已经比较炎热，她却感觉自己掉进了冰窟窿里，难受极了。沮丧的她，漫无目的地走在大街上。她走呀走，走呀走，忽然听到街边一家商店里正在播放一首歌名叫《爱无止境》的老歌。这首歌让她想起了泰坦尼克号撞上了冰山，船上的人们虽然奋力挣扎却依然有很多人永远沉入了大洋之中的惨剧，这令她的心更加难过。幸而，她很快想道："泰坦尼克号已然沉没，但我和它不一样。尽管我现在也遭遇到了人生中的冰山，如果一直这样消极、烦恼与痛苦下去，肯定也会'沉没'，但只要我积极起来，勇敢面对困难，走出高考失败的低谷，未来还是一片光明的。我还是有无数的机会可以创造自己的未来的。"

想通之后，小赵不仅放下了烦恼和抱怨，还恢复了往日的乐观。她没有选择继续复读，而是选择更加艰难的道路——自考。辛苦努力了两年后，她终于考上了大学，然后修完了大学所有的课程，最后成功地拿到了大学毕业证。

生活中不仅有晴天，也有雨天。大多数人不喜欢雨天，因为雨天的时候天空会变得灰蒙蒙的，给人一种压抑的感觉。但是，很多人都忘记了，阳光总在风雨后，雨天过后就是晴天，那个时候的天空会变得非常明亮，让人非常喜欢。每个人的一生中都会经历雨天和晴天，有些人只看到雨天，忘记了晴天就在不远处，中途选择了放弃，最终一生都在雨天中度过；有些人知道雨天过后是晴天，勇敢地面对雨天，最终收获阳光。人的一生中要有忍受苦日子的能力，只有自己不断地努力，才会看到雨天过后的阳光满地。

每个人都希望自己的人生过得有意义，想要实现自己的人生价值，就需要去面对人生中的困难。挫折和困难都是人的一生中必须经历的。困难会让人忧郁，甚至会丧失最初的动力，但是，困难也有好的一面，它可以很好地磨砺人的意志，让人生更加有色彩。如果人只是一味地忧郁，不能很好地用困难磨砺自己，最终也会在忧郁中失去人生的色彩。只有不断地磨砺自己，我们的人生才会更有意义。那些害怕困难和挫折的人，一直生活在忧郁中，逃避困难，最终是不会成功的。

曾经有一块非常大的石头，被采石匠看见了，运回了城里。为了便于雕刻，这块大石头被切割成了两块。这两块石头都不知道自己的命运会如何，心中也有些忐忑不安。

雕刻师先选了一块石头进行雕刻。可是，这块石头刚刚被刻了一下，就感觉非常的痛苦。于是它选择不与雕刻师合作：把刻刀弄坏，不能很好地待着，一直摇晃。雕刻师最终没有办法，只好放弃雕刻这块石头。这块石头认为自己逃过了不幸，暗自得意。

雕刻师只好去雕刻另一块石头。另一块石头没有反抗，默默地承受着雕刻师在身上雕琢时的痛苦。经过雕刻师不断地雕刻和打磨，石头的线条变得非常流畅。几十天过去，雕刻师的工作也完成了。承受住雕刻与打磨的石头最终变成了一尊神像，而那块自以为躲过不幸的石头则成了一级台阶。

有一天，台阶对神像说："我们原来是同一块石头，为什么我躺在这里被人踩踏，而你却在那里受人膜拜？"

神像说："是的，虽然我们来自同一块石头，但是，我如今受人膜拜，是因为我经过了雕刻师的打磨。可惜你不能承受痛苦，只能接受简单的加工，才会被铺在地上给人垫脚。"

在面对人生中的困难与挫折的时候，很多人都会抱怨，但是，困难与挫折也是人生中的磨砺和考验。只有不断地经历打磨的人生，才会像成为神像的石头那样活出不一样的精彩。如果对于人生中的磨砺总是选择逃避，那么你也许会有一时的欢乐，但不会有一世的欢乐。承受得住痛苦的人，才会有更加美好的明天。困难与挫折也是人生的宝贵经验。困难与挫折也可以成就一件好事或者一个伟人。

虽然困境会让人感到痛苦，但是，也正是因为人要面对困境，才会让人更加努力认真地思考，学习更多的知识，掌握更多的技能，不断地发掘自己，完善自己。人只有不断地经历磨砺，才会拥有丰富的人生。

不幸的人不是遭遇不幸的事情，而是不能承受不幸所带来的困难与挫折。人生中总会出现这样或那样的困境，需要人们去面对。所有人都需要有面对困境的能力。在困境中能够不断地锻炼自己，磨砺自己的人，才会成就自己人生的价值，成为人生的大赢家。

遭遇过厄运，方能迎来幸运

　　每个人都可能会遭遇厄运，能勇敢地面对厄运才更重要、更难得。如果你理解了这一点，你就会发现，厄运并不会置人于死地，而是另一段生命旅程的起点！

　　人们常说：因祸得福，意思就是说，看似是厄运，但往往也能带来另一种好的可能性。人们不过分计较失去的，才能迎来新的转机，如果只是一味地抱怨，那么厄运就真的只是厄运了。

　　不会有人欢迎厄运的到来，每个人都希望幸运女神能光顾自己，能使自己生命的价值得到完整的体现，以此得到幸福和快乐，这是人们的美好愿望和一生的追求。然而，真实的情况是我们避之不及的厄运常常不请自来，一下就把我们推入困境之中，将希望遮盖住，也使我们看不到光明。我们仿佛只是一个影子，失去了生命的价值。

　　然而厄运往往也能够带来另一种可能。不去计较它让自己失去了什么的人，才能踏上新的人生征程。

　　乔治·欧德拉被他的朋友们叫作"超级马拉松爱好者"。

　　1988 年 7 月 9 日，乔治照常在起床后进行了 20 分钟的晨跑，他正在为半个月后的马拉松比赛做准备。然而令他没想到的是，这次晨跑竟然成了他人生中的最后一次。

　　那天早上跑完步以后，乔治照常到工地去上班，他和另外三人负责屋顶上的工作。一名同伴叫乔治将一样工具递给他，乔治便迈步去拿离他不远的工具。没想到房顶水泥还没有凝固，他脚底一打滑，就从屋顶上面掉下去了。

乔治失去了控制，还没等到他反应过来，他已经头朝下坠落到地面了。他事后回忆说：

"那时候我似乎听到了自己颈部骨头折碎的声音……现在想起来还会惊出一身的冷汗，当时我整个身体一直往下掉，什么都不能做。在落地的一瞬间，我没有感觉到疼痛，确切地说是一点知觉也没有。

"此后的片刻，我感到巨大的恐怖和绝望，甚至愤怒，它们一一向我袭来。我很希望这一次只是有惊无险，我试着站起来，可是办不到，脑部传递的信号到脖颈处就中断了。

"我听到有人在房顶上面说：'不好！乔治掉下去了。'但我不确定那是谁的声音。

"我心里反复地期望，也不停地诅咒。这时我把头转向左边，看到不远的地方有一双穿着鞋子的脚，很熟悉的感觉，好像就是我的脚，可是它们怎么会在那个地方呢？那一刻，我恐惧极了。

"渐渐地围在我身边的人多了起来，好像有人把我的头抬起来了，接着我的身体也跟着被拖了起来，但是我不觉得痛苦，他们把我放在了类似担架的床上。但是一段时间过后，剧烈的疼痛就开始侵袭我，我几乎想死，稍微一动就苦不堪言。

"我想知道，如果绑在我头上的绳子断了，我的头是不是会不停地扭转呢？很奇怪的想法，我必须使自己保持清醒。

"急救人员一面鼓励我，不让我昏过去，一面尽可能帮助我减轻痛苦，让我不要担心。

"在救护车上，我觉得舒服了一点，可能是心理作用吧！我觉得如果能马上到医院去治疗，情况就不会太严重。

"一到医院，我就马上被送进了急救病房。医生说要照 X 光，看看骨头断裂的情况。他们把我放在台上，把我的身体呈八字形分开。医生一边看着显示仪器，一边不时摆动我的头，以配合拍照的角度。一种前所未有的苦痛侵袭着我，真的，从未有过。

"片子拍出来之后，医生看了一下，然后确定我的头骨断了。这对我来说是个坏消息，我小的时候，曾经听过别人头骨折断的故事，没想到现在竟然落到了我头上。

"我开始向上帝祷告，希望这只是他跟我开的一个玩笑，请他收回这个一点也不好笑的玩笑，不要让任何事发生。

"在医院里的每一个夜晚都漫长的没有边界，好像永远没有天亮的时候。那天发生的事不断在我脑海中浮现，我的脑子越来越乱，每一天都是这样痛苦地度过黑夜。

"后来，我想起了那位坐在轮椅上的总统——罗斯福，想起他说过的一句话'应该恐惧的就是恐惧本身。'

"从那之后，我的思想变得积极起来，我开始问自己：'抛开所受的伤痛，这次的受伤对我有什么意义呢？'或许我现在还看不到意义所在，但是我不断地告诉自己：'将来有一天我一定会了解的，为了等到那一天，就必须活下去！'

"我全新的人生，从现在开始。对于发生在我身上的一切，我要心存感谢。"

每个人都可能遭遇厄运，能勇敢地面对厄运才更重要、更难得。如果你理解了这一点，你就会发现，厄运并不会置人于死地，而是另一段生命旅程的起点！

爱默生说过："我们的力量不是来自我们的强大，恰恰相反，而是来自我们的软弱，只有当我们不堪被戳、被刺、被抛向痛苦的深渊，甚至被抛向死亡的鬼门关时，才会唤醒包藏在我们内心深处的潜能和不可战胜的力量。"

一辈子待在能遮风挡雨的安逸小屋里的人，很难做出伟大的成就；总是喜欢在舒适的椅子上睡懒觉的人，很难成为杰出的人物。美丽的鲜花，甘甜的果实，通常都经历过风雨的洗礼；伟大的成就，杰出的人物，大多都经历过无数的磨难、挫折和打击。任何一个人，如果不想被现实淘汰，就必须主动去学习各种新东西；如果不想被生活打败，就必须不断让自己成长，使自己变得强大。

用心：

越努力，越幸运

诚实是一切价值的根基

> 那些看起来十分憨厚，坚守诚实，从不说谎的人，往往是最为睿智的；那些从不会欺骗消费者，秉持"顾客是上帝"的商家，往往是利益的最大获得者。

"诚实是人生的命脉，是一切价值的根基。"的确如此，诚实对于我们的人生有着很大的影响，所以请你与诚实订立一个契约，做一个诚实的人吧。

环顾四周，我们可以发现，欺骗和虚假大量存在于日常生活中：我们去集市上买菜的时候，有的卖家为了赚更多的钱，胡乱要价，缺斤短两；我们去买化妆品，店员吹嘘产品非常好，美白效果显著而且见效快，但买回去一用，根本一点效果都没有。

可惜虚假的东西都是不会长久的，那些将诚实弃如敝屣，全然不当一回事的人，最终也会因为失去诚实而身败名裂，甚至赔上一切。

任凭他再聪明、再狡猾，失去了诚信的人，迟早会受到应有的惩罚。所以我们做任何事情的时候，千万不要让自己成为一个不诚实的人。

虽然诚实是无形的，看不见摸不着，感觉上似乎无足轻重，但它却是一种巨大的生产力，是获得成功的动力，可以使我们从无到有，收获丰硕的果实。诚实可以让一个人改变自己的命运。

有一个名叫德比的人，住在德国的一个小镇上。他虽然只是一个很穷的织工，但他从来不抱怨生活。不管遇到什么烦心事，他都会说："嗨，上帝会帮忙的！"

　　有一次，德比的老板对他说："嗨，德比，等你将手里的这匹布织完之后，就没有什么活儿了，你需要等 6 个月才有活呢。"

　　德比得知这个消息后十分难过，心想："我该如何将这件事情告诉妻子呢？ 6 个月，那可是非常漫长的一段时间啊！"

　　回家之后，德比犹豫再三还是告诉了妻子这个坏消息。妻子听后，伤心地哭了："你不工作，我们就没钱了，那我们怎么供应孩子们的吃穿啊！"

　　德比的心中也相当着急，却不得不先耐心地对妻子进行安慰。但是，这个时候，他也没什么能说的，只能假装很乐观地说道："嗨，上帝会帮忙的！"说完后，他就悄悄地从家溜了出去，以免看到妻子过于难过的样子。

　　德比来到大街上，看到几个孩子正拿着一根棍子对着一只死乌鸦来回拨弄。他心想："这只鸟儿真是太可怜了，可它到底是为什么死的呢？"

　　等到孩子们都走了以后，德比走上前，蹲在那只死乌鸦的旁边进行观察。他发现这只死乌鸦的喉咙鼓鼓的，里面似乎有什么东西。于是，他用随身带着的小刀划开了这只死乌鸦的喉咙，从里面拖出来一个东西。仔细一看，竟然是一条非常漂亮的金项链！他将金项链揣进衣袋中，然后跑到镇上的珠宝店，向珠宝商询问这条项链的主人。

　　珠宝商告诉他，这条金项链是雪莉太太的。天啊！那不是自己老板的妻子吗？于是，德比立即跑到老板家中，将这条金项链还给了雪莉太太。

　　晚上，德比的老板回家之后，他的妻子就将德比的行为告诉他，并且说道："德比先生是一个如此诚实的人，我绝对不会让他失去工作的。"

　　第二天，老板将德比找来后说道："从现在起，你就回来工作吧，这是你的诚实的回报，我肯定能用上一个诚实的人的。"

　　就这样，德比又开始工作了，他的妻儿又有食物吃，有衣服穿了。他们一家人继续快乐地生活着。

　　保持一颗诚实的心，不贪图小利的人，将会得到更大的回报，因为生活需要诚实的人。所以，请诚实一点，做个好人吧！

　　王燕丹是一名下岗工人。下岗后，她经营着一家彩票投注站，几年来一直坚持诚信经营。

一天晚上，她收到了省福利彩票中心的通知，一注 504 万元的大奖出现在她的投注站。

她得知这个消息后，非常震惊，也非常欢喜。于是，她认认真真地核对了中奖号码，最后确定是彩民柳先生购买的。

不过，柳先生的彩票是赊账买的，并且买彩票的钱一直没有结算。如果当时她的内心稍微生出一丁点儿的贪念，她完全有机会将这注大奖据为己有。

但是，王燕丹并没有这么做，她觉得做人就应该诚实，不能因为任何原因撒谎。所以，她选择了第一时间通知柳先生前去领奖。

事后，有记者采访她："彩票是赊账购买的，你当时完全有机会据为己有，为什么你没有想到私吞彩票？"王燕丹奇怪地问："彩票是谁买的中了奖，就应该是谁的，我怎么能够撒谎呢？不诚实的人可是不道德的！"

王燕丹以自己的诚实感动了许多客户，她的生意日渐红火起来。

那些看起来十分憨厚，坚守诚实，从不说谎的人，往往是最为睿智的；那些从不会欺骗消费者，秉持"顾客是上帝"的商家，往往是利益的最大获取者。总之，做人还是诚实一点吧，这样一来，你的事业才会越做越大，你的人生才会越来越精彩。

计划好每一天，并努力地执行计划

　　一切行为和结果都是源于自己内心的构思，所以，人们必须清醒一点儿，按照自己所渴望的方式，对自己的每一天好好地进行计划，然后努力地执行吧！

　　俗话算得好："千里之行，始于足下。"我们不仅要清醒地知道自己的人生目标，而且还应当将这个目标划分成几个容易实现的小目标，然后再给每个小目标规定一个期限。

　　这样一来，从刚开始的时候，我们就能够清清楚楚地看到成功的路线，这对于提高自信心有着非常大的好处。我们一步接着一步地往前走，一段接着一段地向前行，最终就会到达自己的目的地。每当我们走完一段路程的时候，我们离目标的距离就变得更近了一些，这个时候，我们的自信心也会随之变得更加强大。所以，无论何时，我们都必须有所计划，清楚地知道自己下一步该怎么走。

　　为此，每天我们都应该询问自己几个问题：

　　目前，在我们的人生当中可以算得上一个怎样的时期，与我们的发展目标是不是相符？我们每天都在做些什么事情，所得到的结果是否是现在最渴望得到的或者是最应当得到的呢？我们明天应当做些什么事情，下一步应当做些什么事情，为使自己的目标得以实现应当准备一些什么？我们手中的东西是不是能够放下了，是不是真的能够放下？

　　在很久以前，有一个身体十分瘦弱的穷小子。他虽然在贫民窟中长大，却在自己的日记中立下了伟大的志向——长大以后要成为美国的总统。然而，这个伟大的理想怎样才能够实现呢？他在经过好几天的认真思考之后，为自己拟定了一系列的连锁目标，具体内容是这样的：

要想成为美国的总统，首先就要成为美国的州长；要想参加州长竞选并获胜，必须得到拥有非常雄厚的财力后盾的支持；要想赢得巨大财团的支持，就应当先使自己融入这个财团；要想很好地融入一个财团，最好就是迎娶一位来自豪门的千金小姐；要想成功迎娶一位来自豪门的千金小姐，就必须先成为一个名人；要想成为一个名人，最为快速的方法就是进入娱乐行业，成为电影明星；要想成为电影明星，就必须以练好身体、练出阳刚之气作为前提。

顺着这样的思考方式，他开始一步接着一步地走下去。有一天，当他见到当时非常著名的体操运动主席——库尔之后，他觉得练习健美是一个使自己身体强壮的好方法，所以，他就产生了练健美的想法。于是，他开始非常刻苦、努力地练习健美，他希望自己能够成为这个世界上最为强壮与结实的男人。随着时间的飞逝，3 年的时间过去了，而他也凭借着自己一身雕塑一般的体魄，顺利地成了一位健美先生。

在随后的几年当中，他先后赢得了欧洲、世界以及奥林匹克的健美先生。在他刚满 22 岁那一年，他正式进入了美国的好莱坞。在好莱坞，他用了整整 10 年的时间，利用自己在体育方面所取得的成就，在大众面前成功地塑造出了一个刚毅不屈、百折不挠的硬汉形象。终于，他慢慢地在娱乐圈中声名鹊起了。当他的电影事业发展到鼎盛时期，与他相恋了 9 年的女友的家庭也终于接受了他这个“黑脸庄稼人”。而他的女朋友就是当时名声非常显赫的肯尼迪总统的亲侄女。

他与妻子结婚之后，两人非常恩爱。2003 年，已经 57 岁的他正式转向从政，参加了美国加州州长的竞选，并且成功地竞选为美国加州州长。他的名字就叫作——阿诺德·施瓦辛格。

其实，在现实生活中，像施瓦辛格这样优秀的人有很多。他们都知道自己每天应当干些什么，如何一步一步地实现自己的梦想。

所以，不管是刚刚走出校门，进入职场的“菜鸟”，还是已经在复杂的职场打滚多年的"老鸟"，我们都需要为自己制订一个非常详细的个人发展计划。这个计划的期间可以是 5 年，可以是 10 年，同样也可以是 20 年，这都需要根据你自己的具体情况而定。不过，无论你的是哪一种时间范围内的计划，它至少应该对以下问题进行回答。

1. 我应该在未来的 5 年、10 年或者 20 年的时间内，实现一些什么样的职业或者个人的具体目标呢？

2. 我应该在未来的 5 年、10 年或者 20 年的时间内，赚到多少钱或者达到一个什么程度的挣钱能力呢？

3. 我应该在未来的 5 年、10 年或者 20 年的时间内，拥有一种怎样的生活方式呢？

潜能开发专家——安东尼·罗宾曾经向人们提出了下面的建议：

对于你每一天的生活，你都应当认认真真地计划一番。你渴望与哪个人在一起呢？你应该做一些什么事情呢？你应该怎样开始这一天的活动呢？你应该朝着哪一个方向前进呢？你应该取得怎样的一个结果呢？希望你从起床的时候开始，一直到上床睡觉的时候为止，一整天都有着一个非常恰当的计划。

一切行为和结果都是源于自己内心的构思，所以，人们必须清醒一点儿，按照自己所渴望的方式，对自己的每一天好好地进行计划，然后努力地执行吧！

细节制胜：天下大事，必作于细

> 无论到了什么时候，我们都必须在意细节，要时刻谨记：
> 重视细节，方能收获成功。

老子曾言："天下难事，必作于易；天下大事，必作于细。"这就说明，大事始于细节。世界著名的大文豪——伏尔泰曾经说过："使人疲惫的不是远方的高山，而是鞋里的一粒沙子。"美国有名的质量管理专家——菲利普·克劳斯比也曾经说过："一个由数以百万计的个人行动所组成的公司，经不起其中1%或2%的行为偏离正规。"

在现实社会中，很多人对于事物愈发追求完美，对于细节问题也愈发重视。但是也有不少人觉得，只要大体上能过去，可以忽略那些细节。其实不然，不管是做人，还是做事，都应当对每个细节加以关注，只有给予细节足够的重视，将小事做好了，最终才能成就一番大业。

在日常工作与生活中，总有不少人对于小事或者事情的细节不屑一顾，总是觉得只有大事才是他们应当予以关注与考虑的问题，只有将大事做好了，才能有所成就。殊不知，不关注细节，做不好小事，就意味着与成功无缘。

当我们对别人所做的惊天伟业惊叹不已时，往往会忽视他们背后默默无闻的努力。为什么成功者能取得成功？并不是因为他们拥有多么优越的先天条件，而是相较于其他人，他们下了更多的功夫，而且这些功夫大部分都体现在细节上。

众所周知，苏东坡不仅是一个著名的文学家，而且还是一个非常棒的画家。

有一次，他正在家中作画，有朋友过来拜访。这个时候，苏东坡已经差不多将画完成了。朋友看着苏东坡的画，不断地赞扬。对此，苏东坡并没有自得，而是又将画笔拿了起来，在画中一个地方稍稍做了些许修改，并且说道："这个地方润一润色，就会变得更好，这样一来，这个人的面部表情一下子就柔和了很多，整幅画也变得更协调了。"

朋友却满不在乎地说道："这些都是一些琐碎的地方，根本没有人会关注的。"

苏东坡却十分认真地回答道："可能是这样吧。但你要知道，正是这些细小的地方，才让整幅作品趋向完美，而能让一件作品完美的细小之处，并非一件小事情呀。"

平时，我们经常会遇到很多琐碎的小事。尽管从表面看起来这些小事并不是很重要，但倘若我们用心去做，将其做成、做好，那么就很好地体现出了我们对完美细节与人格的追求。而由这些小事累积出来的大事，也将会变得更为完美。尽管这些小事也许即使做好也没有多么明显的业绩，但倘若不能做好、频频出现错误的话，那么必然会在很大程度上影响我们的成长与发展。正所谓"千里之堤，溃于蚁穴"。

南唐被宋灭国后，后主李煜成了宋太祖的阶下囚。太祖害怕李煜性格刚烈，会有自杀的倾向。这时，身边的一位大臣说："李煜绝不会自杀。"问其原因，原来这位大臣看到李煜在下船时还小心掸掉了衣服上的一点泥土。

李煜将入囹圄，却能如此爱惜衣服，必定更爱惜自己的生命。此后几年，李煜一直受制于人，备受凌辱，终以多愁善感的形象留存于史册。

这位大臣通过李煜一个掸土的小细节看透了他的懦弱性格，从而很好地掌控了他，为自己的"上司"谋取了更多的利益。

某学校要在同一天上午通过试讲从几名应聘者中聘用一位老师。几个应聘者都花费了大量的时间，做了充足的准备。

试讲开始，应聘者一个接着一个地走上讲台，在向老师与学生致意后，就开始讲自己的课。前面几个应聘者的讲课模式大致是这样的：先将新课导入，然后讲授新课的内容，接着进行概括与总结，最后进行复习。每一个环节都进行得比较顺利。

作为应聘者之一的小张，在试讲的时候，也是这种授课方式，并且还设计了几个问题，在课堂上进行提问，但是效果并不是很好。所有的应聘者都试讲完毕之后，小张默默地在心中将自己与其他人进行了比较，他发现自己似乎没有一丁点儿的优势，感觉自己肯定不会被学校聘用的。

令他感到意外的是，试讲结束三天后，他收到了学校寄来的聘用通知。他感到十分惊喜。但他不明白校长为何会选中他。当他向校长询问时，校长面带微笑地回答道："实际上，在那次试讲中，你讲的课并非最好的。但在课堂上进行提问的时候，你喊的是学生的名字，而别的应聘者不是喊学号，就是直接用手指。试想一下，我们怎么可能会录用一个对学生不予尊重与了解的老师呢？"

在课堂上对学生进行提问的时候，喊学生的名字而非学生的学号或者直接用手指，这原本是一件很小的事情，却可以将讲课者是否尊重学生，是否对学生有爱心反映出来。这便是小张为什么能够顺利通过试讲的原因所在。

我们都读过应聘者通过捡起地上的废纸，而成功通过面试的故事。这些细节带来的成功看似偶然，实则孕育着成功的必然。

在宝洁公司推出汰渍洗衣粉初期，汰渍洗衣粉的市场占有率与销售额曾以一种令人震惊的速度上升。但是，没过多长时间，这种增长的势头就慢慢地放缓了。对此，宝洁公司的销售人员很是疑惑，尽管他们做了大量的市场调查，但始终没能将销量下滑的原因找出来。

于是，宝洁公司组织了一次产品座谈会，邀请了不少消费者来参加。在座谈会上，有一位消费者抱怨道："汰渍洗衣粉的用量实在太大了。"一下将汰渍洗衣粉销量下滑的关键原因说了出来。

宝洁公司的领导们急忙对其中的缘由进行追问，这个消费者回答说："你看一下你们所做的广告，倒那么长时间的洗衣粉，衣服的确能洗得干干净净的，但需要的洗衣粉太多了，这样计算起来很不合适。"

听了消费者的话后，销售经理急忙去看广告，对广告中倒洗衣粉的时间进行了计算，倒汰渍洗衣粉的镜头一共有 5 秒钟，而别的品牌的洗衣粉，在广告中仅有 1.5 秒倒洗衣粉的镜头。

正是由于宝洁公司一时大意，疏忽了广告上这个小细节，结果，严重地损害了汰渍洗衣粉的销售与品牌形象。

当今时代，可以说是一个细节制胜的时代，不管我们从事什么样的工作，都应该重视细节问题，很多时候，我们不能做出傲人的业绩，主要就是在细节上出了问题。因此，无论到了什么时候，我们都必须在意细节，要时刻谨记：重视细节，方能收获成功。

善加利用，劣势也能转化成无敌的优势

能够改变、完善并且将自己征服的人，就有力量战胜所有的挫折、痛苦以及不幸。如果我们想要收获喜人的成功，活得潇洒而快乐，首先要做的就是读懂失败与痛苦。

在现实社会中，我们每个人都不是完美无缺的，总会有些许的弱点或者缺陷，有些人会因为身上的这些弱点或者缺陷而陷入痛苦的深渊中。其实，只要你不过分在意这些缺点，坚持不懈地努力，充分地将真实而生动的自己展示出来，就能够获得成功的人生。

曾经有学者通过研究得出了著名的"鲨鱼效应"。研究表明，生活在大海中的鱼需要借助鳔才可以自由自在地进行沉浮，可是缺乏鱼鳔的鲨鱼，为了避免自己沉下去就必须不断地游动，时间久了，它们身上的肌肉变得越发强壮，它们的体格也变得越发大了，最后它们成了"海洋霸主"。

现实生活中也是如此，如果我们能够对自己的劣势善加利用，劣势也可能会转化为优势。

有一个 10 岁的美国小男孩，名字叫作里维，他十分迷恋柔道。一次车祸使他丧失了左臂，但是他不甘心就此放弃柔道的学习。后来，他找到一位日本柔道大师，并且成为其弟子。原本，他的身体基础很好，但是，拜师已经 3 个月了，师傅仅教了他一招，这让里维有些不能理解。

有一天，他实在忍不住了，就向师傅询问："师傅，我是否应当再学习一下别的招数？"师傅给出的回答却是："是的，你确实只学习了一招，但是你只需要将这一招学会就行了。"

那个时候，里维并不能明白师傅的意思，但是他对师傅十分信任，于是就继续按照师傅的吩咐练习下去。转眼又过了几个月，师傅首次带着里维前去参加比赛。就连里维本人都想不到自己竟然会如此轻松地赢了前两轮比赛。到了第三轮的时候，开始他觉得稍微有些困难，但是对手没多久就变得十分急躁，连续发出进攻，里维十分敏捷地将自己的那一招施展出来，结果，他又取得了胜利。于是，里维顺利地打入了决赛。

与里维相比，决赛的对手长得更加高大，更加强壮，并且也更有比赛的经验，这让里维感觉有些招架不住。裁判担心里维会被对手打伤，就喊了暂停，并且准备就这样结束比赛。但是，里维的师傅表示反对，并且坚持要求："将比赛进行到底！"

于是，比赛又重新开始了。对手觉得自己可以十拿九稳地打败里维，就放松了警惕。里维马上将他的那一招使了出来，没多久就将对手制服。这场比赛结束时，里维如愿以偿地摘取了桂冠。

在归家途中，里维终于忍不住问师傅："师傅，为什么我仅仅依靠一招就能够拿到胜利的桂冠？"师傅回答说："其实有两个原因：第一，你基本上已经将柔道当中最难掌握的一招掌握了；第二，在我掌握的信息中，对方想要对付你的这一招只能先抓住你的左臂。"

失去左臂本是里维的一个遗憾，然而在柔道比赛中，里维最大的劣势却转变成了他最大的优势。因此，面对自身的弱点或者缺陷，我们千万不能轻易地选择放弃。只要坚定地相信自己可以战胜，并且坚持不懈地努力，生活就会对我们很好的。消极悲观的情绪会让一个人在前行的道路上与目标偏离，从而降低抵达成功的速度。人若只是一个劲儿地沉浸在失败的痛苦中无法自拔，对什么都失去兴趣，对什么都丧失信心，那么他将逐渐与多彩多姿的生活隔绝，慢慢地与人们疏远，从而将自己困在一个孤独的城堡中。相反，如果人可以正视自身的弱点，并且能够做到扬长避短，奋发努力，那么他就能够成为最后的大赢家。

著名京剧表演艺术家、麒派艺术创始人周信芳在演艺生涯上曾遭遇过这样一个巨大的挫折：正当他的表演艺术日趋成熟、完美时，他的嗓子突然哑了！对于以唱功为主的他来说，这个打击无疑是致命的。

大多数同行如果遇到了这种打击，通常采用的做法是：转行，或者用花腔遮丑。但这两种做法周信芳都没有去选，他决心开辟出第三条路。经过冷静分析与慎重思考后，他发现如果在唱腔上追求气势，不但能很好地解决嗓子哑了的问题，还能够让自己的唱腔更有特色！怎么样才能让自己的唱腔更有气势？他也找到了很好的解决之道：学习"黄钟大吕之音"。

首先，他把大量的功夫用在了练气上，最终让自己的发声气足而洪亮，咬文喷口而有力；然后，为了将人物的性格与品质准确地表现出来，他又深入琢磨与体味了角色的思想与感情。经过一番辛苦与努力，他战胜了"嗓子哑了"的不幸，创造出了独树一帜的麒派艺术，深受观众喜爱。

由此可以看出，倘若我们可以将自己的缺点作为基础，努力地进行修缮，那么就能够做到扬长避短。

托尔斯泰说过这样的话："大多数人想改造这个世界，但却极少有人想改造自己。"如果一个人可以自己改变自己，就将意味着理智的胜利。能够改变、完善并且将自己征服的人，就有力量战胜所有的挫折、痛苦以及不幸。如果我们想要收获喜人的成功，活得潇洒而快乐，首先要做的就是读懂失败与痛苦。

一个取得成功的人，他的聪明之处就在于，他擅长通过历史、现实以及他人对自己进行剖析、调整与完善。因此，亲爱的朋友们，别再觉得自己就是一个不起眼的弱者了，只要找到方法，利用好自身的优势，就可以收获到你想要的。

请全力追逐你的目标

与成功失之交臂的人并非由于他们本身的能力不够，而是
他们缺乏明确而清晰的目标，他们的内心不知道自己到底想要
做一个什么样的人，而且也不能拼尽全力地追赶理想。

无数的历史经验表明，但凡成功之人都有一个非常明显的特征，那就是：他们从始至终都有一个十分清晰的方向，非常明确的目标，而且有着充足的自信心，坚持不懈地努力，勇敢地向前冲。无论别人对其评价是怎么样的，只要他们认为自己的方向没有错误，那么即便只有 0.1% 的可能性，他们也会极其执着地冲向自己的目标。

这也是为什么很多人起点明明是相差不大的，但是最后每个人所达到的终点却有着天壤之别。与成功失之交臂的人并非由于他们本身的能力不够，而是他们缺乏明确而清晰的目标，他们的内心不知道自己到底想要做一个什么样的人，而且也不能拼尽全力地追赶理想。因此，他们最终只能抱着无限的遗憾羡慕别人的成功。而那些成功者则不同，他们有十分明确的目标，很清楚自己究竟想要什么，并且会为之不懈地努力。当然了，也有些人可能刚开始的时候，也是拥有明确的目标的。但是，没过多长时间，他们就将自己的目标忘记了，或者在实现目标的过程当中，被所遇到的困难与挫折给吓倒了。于是，他们的人生也是平庸无奇的。

当弗兰克还是一个 13 岁的少年时，他就对自己提出了"必须要有所作为"的

要求。那个时候，他所设定的人生目标是成为纽约大都会街区铁路公司总裁，这在外人眼中似乎是不可思议的。

为了实现自己的人生目标，弗兰克从 13 岁的时候就开始和一些朋友一同给城市运输冰块。尽管他没有接受过多少正规的教育，但是他就是依靠自己的努力，不断地利用一些空闲时间进行学习，并且想尽一切办法向铁路行业靠拢。

在他 18 岁的那一年，通过他人的介绍，他终于进入了铁路业，以一名夜行火车上的装卸工的身份为长岛铁路公司服务。在他看来，这对于他来说，是一个相当难得的机会。虽然他每天的工作非常苦也非常累，但是他依旧保持乐观的心态，积极地面对自己的所有工作。也因为这个原因，他得到了领导的认可与赏识，被派去铁路上工作，具体负责对铁轨与路基的检查。虽然这份工作每天只能够赚取1 美元，但是他却认为距离自己的目标——铁路公司总裁的职位又近了一步。

之后，弗兰克又通过调任成为一名铁路扳道工。在工作期间，他仍然非常勤奋努力，经常加班，而且还利用空闲时间帮助自己的主管们做事情。他认为唯有如此，他才能够学到一些价值更大的东西。

后来，弗兰克在回忆那段往事的时候说道："有无数次，我必须工作到半夜11 ～ 12 点钟，才能够将那些关于火车的盈利与支出、发动机耗量与运转情况，以及货物与旅客的数量等数据统计出来。在将那些工作做完之后，我获得的最大收获就是能快速地将铁路每个部门具体运作细节的第一手资料掌握在自己的手中。而在现实工作中，那些铁路经理很少有可以真正做到这一点的。通过这样的方法，我已经全面地掌握了这个行业每个部门的情况了。"

然而，他的扳道工工作只不过是一项与铁路大建设有着一定关系的暂时性的工作。当工程结束的时候，他也马上被辞退了。

于是，他主动找到自己公司的一位主管，非常诚恳地对他说："我非常希望自己能够继续留在长岛铁路公司工作，只要您能够让我留下，不管什么样的工作，我都愿意做。"那位主管被他深深地感动了，所以，就将他调到了另外一个部门去做清洁工作，负责对那些布满灰尘的车厢进行清扫。

没多久，弗兰克通过自己踏实肯干的精神，成为一名刹车工，负责通向海姆基迪德的早期邮政列车上的刹车工作。不管所从事的工作是什么，他始终牢牢地记着自己的目标与自身的使命，不断地学习，为自己积累各种铁路知识。

后来，当弗兰克真正成了铁路公司总裁之后，他仍然非常努力地工作着，常常废寝忘食。在来来往往、连续不断的纽约街道上，弗兰克每天的工作就是负责对 100 万名乘客的运送工作进行指导，到目前为止也不曾发生过什么特别重大的交通事故。

有一次，弗兰克在与自己的好友聊天的时候，说道："在我的眼中，对于一个有着非常强烈的上进心的人而言，没有什么事情是不可以改变的，也没有什么梦想是不能够实现的。一个有着极其强烈的上进心的人不管从事哪一种类型的工作，接受什么样的任务，他都能够以一种积极乐观、热情饱满的态度去对待它。这样的人不管在什么地方都会受到人们的肯定与欢迎。他在凭借自己的不懈努力向前行进的时候，还会得到来自各个方面的十分真诚的帮助。"

在实现自己人生目标的过程中，我们难免会遇到这样或者那样的困难与挫折，然而，执着能够让我们为实现自己的梦想而咬着牙坚持下来，然后从"重围"中"突破出来"。一个只要下定决心就不会再有任何动摇的人，能在不知不觉的情况下给人一种相当可靠的感觉，他在做事情的时候敢于负责，敢于努力，敢于拼搏，因此，他获得成功的机会也会大大提高。

所以，如果你想要成为一个令人瞩目的成功者，那么你就应当先确立一个终极目标。当你将这个目标确立下来之后，就不要再有任何的犹豫了，就应该严格地按照你已经制订好的计划，一步一步地努力去做，不达目的誓不罢休。这样一来，你才有可能笑容满面地与成功相伴。

即使一再失败，你也应该再试一次

在追求成功的道路上，到处都是坎坷与荆棘，难免会跌倒摔伤，但是在跌倒受伤之后，若能立即爬起来，简单处理下伤口，继续前行，那么你最终必然能够到达胜利的彼岸。

很多人能够成功攀上顶峰，并不是得到了上天的眷顾，而是在每一次失败的时候都坚强地站了起来。当他站起来的次数比跌倒的次数多的时候，哪怕就多一次，那么，他就能与成功女神相拥！

因此，很多人都说，所谓"成功"，实际上就是一个不断摔倒，再不断地爬起来的过程。事实亦如此。对于每个人来说，机会是平等的，你不可以总是低头抱怨自己的才能无人赏识。

在追求成功的道路上，到处都是坎坷与荆棘，难免会跌倒摔伤，但是在跌倒受伤之后，若能立即爬起来，简单处理下伤口，继续前行，那么你最终必然能够到达胜利的彼岸。

1892 年夏天，美国的密苏里平原接连降下暴雨，导致洪水肆虐，无数公路、农舍以及庄稼都冲毁了，致使很多人失去了自己的家园。

有一个穿着破旧衣服、身材十分瘦弱的小男孩，站在自家农舍外围的一座高坡上面，眼睁睁地看着洪水咆哮着冲过来，不仅淹没了河堤，也将他们家的农田淹没了。

在这种情况下，他的父亲不得不到某某银行家那里求助，希望银行家能允许他们将还贷日期延后。然而，冷酷的银行家却毫不犹豫地拒绝了，并以如拖欠还款就没收他们的所有财产作为要挟。

于是，垂头丧气的父亲只能赶着马车回家。在经过一座桥的时候，他将马车停了下来，然后下车，扶着栏杆呆呆地望着桥下的河水。

"爸爸，您在等什么人吗？"小男孩迷惑不解地看着自己的父亲。

父亲没有回答，只是不由自主地流泪。小男孩用尽全身力气将父亲的大腿抱住，似乎想要以这样的方式鼓励父亲，给父亲一些力量。最后，父亲继续踏上了回家的路。

没多久，一位很有名的演说家前往那里演讲。在演讲的过程中，演说家精彩绝伦的口才、动人心魄的故事对男孩产生了很深的影响。"一个来自农村的小男孩，不畏惧贫穷，甚至不畏惧所有的困难而坚持不懈地努力着，他最终肯定会取得成功！"演说家说到这里就问听众："你们知道那个男孩是谁吗？"接着，他又自己给出了答案："亲爱的女士们、先生们，你们看，那个男孩就是他。"演说家说完之后，随手指了一个方向。尽管演说家只不过是随意一指，但是那个男孩却感觉演说家指的就是自己。从那个时候开始，男孩就暗暗发誓：我将来一定要当一名出色的演说家。

但是，在此后很长一段时间内，他都因为破烂不堪的衣服、笨拙无比的外表以及缺少食指的左手而感到十分自卑。

后来，他就读于某某师范院校，成了一名师范学生。有一次，他穿着一件非常破旧的夹克刚刚走上台准备演讲，台下就有人喊道："我爱你，瑞德·杰克！"随后，听众们开始哄堂大笑。原来，在英语当中，瑞德·杰克的谐音词就是破夹克。还有一次，他的演讲刚刚进行了一半，他居然忘记了下面的演讲词。于是，在听众的哄笑声与口哨声中，他非常尴尬地站在那一动不动。

后来，他又进行了几次演讲，但都以失败告终。这让他心灰意冷，甚至开始怀疑自己的能力。当又一次演讲以不理想的结果谢幕后，他拖着疲惫的身子，迈着沉重的步伐往家走。在经过一座桥的时候，他停下了脚步，望着桥下的水发呆。

"宝贝，不要畏惧失败，你可以再试一次！"不知道什么时候，父亲已经来到了他的身边，面带微笑地看着他，眼中是对他满满的鼓励与信任。就像多年前的那个下午一样，这对父子再一次在小桥上紧紧拥抱。

在随后的两年内，人们经常可以见到一个身材瘦弱、穿着破旧的年轻人，一边在河边来来回回地走动，一边小声地背诵着一些名人的名言警句。他看起来是那样的全神贯注，已经达到了废寝忘食的状态。

有一次，当他在练习一篇演讲的时候，因为神情过于专注，还时不时地挥动自己的手，被附近的一个农民误会是个疯子。农民还报了警。当警察赶来，细细询问之后才知道，这原来是个误会。

1906年，这个年轻人进行了一场名为《童年的记忆》的演说，并且赢得了勒伯第青年演说家奖。就是在那一天，他首次品尝到了成功的喜悦。

30年过去了，他已经成为闻名于全球的人际关系学家与心理学家，他所撰写的《成功之路》系列丛书在世界图书销售榜中稳居第一名。即便在他死后的很多年中，世界各个地区的人们依旧在用不同的方式不停地述说着他的故事。他就是拥有"20世纪最伟大的人生导师和成人教育大师"美誉的戴尔·卡耐基。如今，几乎每个美国人都爱说这样一句话："为什么不再尝试一次呢？"并以此来对自己的孩子们进行鼓励。

著名的思想家艾丽丝·亚当斯曾经说过一句话："世上没有所谓的成功与失败，除非你不愿意再尝试。"戴尔·卡耐基用自己的实际行动印证了这句话。我们在感慨他颇具传奇色彩的一生时，也应该进行深刻的思考。

当我们回顾自己那些成功历程的时候，是不是发现自己站起来的次数永远比跌倒的次数多？而当你遭遇失败时，别人最喜欢鼓励你的一句话是不是"没关系，你可以再来一次"呢？

舍得：

坚持该坚持的，放手该放手的

最难熬的日子，你更需要咬牙度过

> 耐心地等待机会，以便向上攀升吧，万不能因为暂时看不见希望就选择放弃，要知道，现在倘若不继续坚持，那么下一秒就可能与能改变你现状的机会擦肩而过。

每个人都可能会遇到艰难的时候，你不需要告诉大家，在那些艰难的时光中，你是如何熬过来的。可是终有一天，你可以骄傲地告诉整个世界：我成功地走过了人生中最为灰暗的时光。

每个人都应该明白，我们要面对和思考的应该是现在和未来。已经过去的事，无论你怎样，也是改变不了的。不要沉浸于过去的成功，也不要陷入过去的低谷中无法自拔。人不仅要学会自我安慰，更要学会忘记过去，好好地生活在当下，为自己的未来努力。最艰难的日子正是对你的考验，千万不要让它成为你的包袱，应该把苦难当作动力，一种能让你更加成熟的人生体验。

1921 年，好莱坞电影公司将《水塔西侧》小说的电影版权买了下来，这部小说的作者霍墨·克罗伊拿到的报酬堪称好莱坞之冠。巨额的酬劳使得克罗伊一家人的日子好了起来，炎热的夏季他们前往瑞士去避暑，寒冷的冬季他们前往法国去游玩，犹如富翁一样。在巴黎的时候，克罗伊花费了 6 个月的时间完成了一部剧本，主演为威尔·罗杰斯。这对于罗杰斯来说，是他的首部有声电影。电影公司邀请克罗伊留在好莱坞为罗杰斯再写几部剧本，可是克罗伊拒绝了。好日子过上了瘾，他不再甘心做一个小小的没有保障的编剧。克罗伊想要做生意，和那些真正的有钱人一样，他想让自己的家人一直过富人的生活。他觉得自己是有潜能的，只是没有加以发挥罢了。他听朋友讲过很多类似的故事，都是一些人先有一点小资本，然后借此起家，最后取得非凡的成功。他觉得自己一定也能成功。

有一个叫约翰·雅各布·亚士特的人投资纽约空地赚了数百万美元，克罗伊知道后备受鼓舞，亚士特是什么人？他都可以做到，我克罗伊一定也可以。回到纽约后，克罗伊开始阅读相关方面的杂志，但他并没有非常透彻地了解房地产买卖，而且也没有那么多钱开始这项事业。最后，他把自己的房子抵押，买下一片空地，想等到有人出高价的时候售出。他天真地认为这样就可以过上奢侈的日子了，甚至还对那些在办公室任劳任怨地干活领薪水的人充满同情，认为上天没有赐给那些人像他这样的理财天分。

然而，大萧条像旋风一样席卷而来。他不仅每个月为了那片地必须要缴纳220美元，还需要对抵押贷款予以支付，而且要保证全家人的温饱。他想要写一些幽默的小品给杂志，但是拿起笔来就觉得十分沉重，根本写出来什么好笑的东西。终于有一天，他所有的钱都用光了。除了打字机与镶金的牙齿之外，他们家再也没有什么可以变卖的东西。

没有钱，牛奶公司不再给他们送牛奶了，煤气公司也拒绝为他们服务了，他们不得不改用小瓦斯罐。这种小瓦斯罐主要用于露营，喷出火焰的时候带着声音，听起来好像一只生气的大鹅。因为没有煤可以用，所以他们只能用壁炉来取暖。当夜色降临时，他会去富人盖房子的工地捡一些被丢弃的木板、木条回家。

那段时间他的心情非常糟糕，经常因为太过担心而无法入眠，常常半夜起身走来走去，将自己弄得非常累之后再回去睡觉。最悲惨的一天，警察从前门进去，他们一家人从后门溜走。他们失去了已经生活18年的家园，一家人抱在一起痛哭流涕。

他觉得都是因为自己的失误，不但损失了买下的土地，赔上了自己所有的心血，还害得房子被银行扣押，一家人只能流落街头。他非常自责，坐在行李箱上一动不动。克罗伊看着周围，想起了妈妈经常说的那句话："别为打翻的牛奶哭泣！"然而，这可不仅仅是牛奶，而是他毕生的心血啊！发了一会儿呆后，他暗暗地告诉自己："我已然跌到了最深的谷底，情况已经到了最坏的地步，往后只会慢慢地转好。"

于是，他不再忧虑了，而是将时间与精力都放在了工作上，情况逐渐好了起来。他后来在一篇文章中写道："我现在要对我有机会经历那种困境表示感谢，因为我从中获得了自信和力量。我如今知道何为跌到谷底，我也清楚那并不能将人打倒。我更明白我们比自己想象的更加坚强。现在，再有什么小麻烦或者小困难，我总会想起自己曾经说过的那句话——'我已然跌到了最深的谷底，情况已经到了最坏的地步，往后只会慢慢地转好。'那些小事再也没有办法让我感到烦恼了。"

漫漫人生路，难免会遇到一些困难与坎坷，当你觉得生活已然跌到了最深的谷底，不要灰心，也不要丧气，跌到谷底的那一刻就意味着下一刻的上扬。耐心地等待机会，以便向上攀升吧，万不能因为暂时看不见希望就选择放弃，要知道，现在倘若不继续坚持，那么下一秒就可能与能改变你现状的机会擦肩而过。

正视生活本身，凡事勿过于苛求自己

> 苛求自己，太过追求完美，只会让自己陷入没完没了的麻烦当中。而正视生活本身，不苛求自己追求完美，往往会让自己的生活变得更有意义。

完美只不过是人们内心深处自始至终都在追逐的东西，然而，它只有在梦中才能实现！因此，我们必须正视生活本身，凡事不要苛求自己。

在现实生活中，有不少人都是过分苛求自己的完美主义者，希望自己所做的每一件事情或所拥有的每一件东西都是完美无瑕的。可是，世界上一切事物都存在着或多或少的瑕疵。于是，他们开始为了不完美而不停地叹息，让自己变成了一个整天愁眉苦脸的人。

对于现代人而言，追求完美基本上是每个人的通病。但非常不幸的是，有的人觉得对自己苛刻，是为了更好地追求完美，实际上，他们才是真正可怜而可悲的人，因为他们一直在不完美中追求根本就不存在的完美。

一个著名的女激励大师，曾经在演讲的时候提到这样几个例子：

有一对母子走进某某餐厅用餐。因为担心餐厅的椅子不干净，他们怎么都不愿意将自己的手袋放到椅子上，而是将其放在了桌面上。不过，他们都坐在了椅子上。

上菜的时候，餐厅的服务员担心手袋占据过多的地方，会对菜的放置造成影响，就想将手袋放到旁边的椅子上。但是，这对母子立即阻止了服务员，并且很严肃地说："你就别乱动了，我们都有洁癖，担心椅子脏。"

服务员上完菜之后，他们旁边的客人忍不住了，询问道："既然你们都有洁癖，那么为什么还要来餐厅用餐呢？自己在家煮，不是更放心吗？"

"在我们看来，吃的东西倒是没有太大的关系，但用的东西就要谨慎一点儿了。"

对此，女激励大师惊讶地说："天啊！这样的回答算怎么回事？与用的东西相比，我们不应该对吃的东西更加小心吗？到底是手袋上的细菌会对人造成致命伤害，还是吃进肚子中的细菌会对人造成致命伤害呢？"

第二个例子是关于一个女孩的。这个女孩有洁癖，由于担心有细菌，居然经常自己准备酒精，以便对桌面进行消毒。每次消毒时，她都会用棉花十分仔细地进行擦拭，唯恐会有什么地方漏下。

"可是，人体表面原本就有很多细菌，比如，人类的手可能比桌面更脏呢。对于这些，这个有洁癖的姑娘难道不清楚吗？我真的很想给她一个建议：直接用火将桌子烧了才是最干净呢！"女激励大师道。

第三个例子是，有一个小男孩犯错了，为此，他的妈妈不断地批评、责备他。因为在妈妈的眼中，她应当极其严厉地对待儿子，这样才能帮助儿子培养完美的品格。

有一天，小男孩拿出一张画着黑点的白纸，问他的妈妈："妈妈，你看这张白纸，你在上面看到什么？"

"我看到了一个黑点，这张白纸被黑点弄脏了。"妈妈回答。

"但是，这张白纸的其他部分都仍然是白的啊！妈妈，你总是将注意力放在不完美的部分上，所以你就是一个不完美的人。"小男孩十分天真地说道。

追求完美本身并没有什么错，但是凡事都应该有个度，倘若过分苛求自己，反而比不求完美更糟糕。世界上的完美主义者太多了，他们总是那么执着，好像不将事情做到完美无缺就不会罢手。然而，事实往往是残酷的，这类人最终大多会变得灰心丧气。因为世间之事原本就不可能是完美的。因此，对于那些苛求自己的完美主义者而言，从刚开始就是在做一个永远无法实现的美梦。

他们会由于梦想一直无法实现而生出很强烈的挫折感，久而久之就会形成一个令人反感的恶性循环。最终，那些苛求自己的完美主义者的意志开始变得消沉，逐渐变成一个为人处世都十分消极的人。

倘若你用尽了心思，最终还是没能如愿以偿的话，那么不妨暂时放下这件事情。这样，你就拥有充足的时间重新对你的思绪进行整理，从而明确下一步应当如何做了。"既然做了就应当将事情做到最好"的想法固然没错，但是倘若太过固执己见，不懂得变通，那么无论你做什么事情都可能会遭遇挫折。因为过于苛求自己，追求完美，反而会令事情变得更加复杂，更加难以完成。

在日本战国时代，武田信玄是一个深谙作战之道的人才，就连织田信长对他也很畏惧。因此，在武田信玄活着的时候，他们基本上没有对战过。而武田信玄在看待胜败方面，也有自己独特的见解："作战的胜利，胜之五分是为上，胜之七分是为中，胜之十分是为下。"相较于苛求自己的完美主义者，这种想法是截然相反的。他的家臣询问他原因，他是这样回答的："胜之五分能对自己产生激励作用，促使自己再接再厉，胜之七分将会产生懈怠之心，而胜之十分就会产生骄气。"对于这种说法，连武田信玄的死敌——上杉谦信也表示赞同。据说，上杉谦信曾说："我之所以比不上武田信玄，究其根本就在于这一点上。"

实际上，武田信玄一直将"胜敌六七分"作为自己的作战方针，因此，他打了将近40年的仗，从未出现过一次败绩。而别人也从未从他那里抢到过城池。德川家康一直将武田信玄的这种思想奉为圭臬。倘若没有非完美主义者武田信玄的话，那么德川家族不一定会有300年的历史。因为无法忍受不完美的心理，只会给你的生活带来无尽的困难与痛苦罢了。

有些不愿意成为弱者的人，会选择苛求自己，经常逞强做一些别人期待，但自己又无法完成的事情。实际上，这样的人才是真正的弱者。一旦别人对你抱有期望，你为了不让别人失望，非要勉强自己去实现这份承诺，最后才发现，原来，自己还是太软弱了。我们必须承认自己是软弱的，唯有这样，你才可能变得坚强；唯有正视生活本身的不完美，才有可能创造美好的人生。

曾看过一部影片，这部影片讲述的是脑性麻痹患者丹恩的奋斗故事。丹恩主修艺术专业，由于没有办法将雕刻必修的学分拿到手，他差一点儿就无法顺利毕业。在他学习期间，曾有两位很有名气的教授不留情面地对他说，他这一辈子都不可能成为艺术家。他原本非常喜欢绘画，却因为这些评价而变得十分沮丧，再也不想画任何一个人的脸孔了。

不过，即使是这样，他也没有自怨自艾，反而竭尽所能地适应环境，积极乐观地面对生活。最后，他终于顺利地从大学毕业了，赢得了家族中首张大学文凭。

"是的，我的确患有脑性麻痹，可是这并不意味着我的人也麻痹！"同样是脑性麻痹患者，并且还担任联合国千禧亲善大使的包锦蓉曾经这样说道。

丹恩曾经说，不少人都觉得残障意味着无用，但是对他来说，残障象征的是：拼搏的灵魂。

苛求自己，太过追求完美，只会让你陷入没完没了的麻烦当中。而正视生活本身，不苛求自己追求完美，才可能让自己的生活变得更有意义。

欲成就你的人生，请多一点吃苦耐劳

只有自己不断地努力，吃苦耐劳，才会获得成功。想要获得成功，你就要不断地吃苦，踏踏实实地工作。不能吃苦、不肯吃苦的人，是不会获得成功的。

吃苦耐劳一直是成功的必备条件之一。随着社会的发展，吃苦耐劳的精神并没有被淹没，能吃苦的人，在精神上就已经是赢家了。

有"杂交水稻之父"美誉的袁隆平，从 20 世纪 60 年代开始研究杂交水稻，每年会花费大量的时间在田里工作。不管风吹日晒，还是雨淋霜打，袁隆平每天都在不停地观察，不停地分析。经过多年的辛苦努力，他终于研究出产量高、品质好、适应性广的水稻，为解决中国人民乃至世界人民的温饱问题做出杰出的贡献。

正是袁隆平具备吃苦耐劳的精神，最终才成功地研制出水稻。可见，唯有吃苦耐劳的人才能够取得成功。每个人都想获得成功。但是只有那些通过自己的勤劳苦干，不断地提升自身的能力，完善自己，发展自己的人，才会有成功的那一天。

潘晓婷是一名职业台球选手，拥有着"9 球天后"的美誉。她曾经获得 2002 年首届亚洲区"球王杯"男女 9 球混合赛冠军等奖项，也是中国台球界第一位获得世界锦标赛冠军的选手。潘晓婷能有如此杰出的成就，与她付出的那些常人无法做到的努力密不可分。

　　从 15 岁开始，潘晓婷每天都要在父亲的台球馆里练上 8 ~ 12 个小时的台球，一练就是 4 年。这是她父亲对她的硬性要求。而且，她没有周末，一周只有半天的休息时间。即使是病倒了，上午去医院进行治疗，下午也要回到球馆中进行练球，将失去的时间补回来。

　　父亲在潘晓婷练球的第一天就跟她说："要成为最好的，就必须比别人都更努力，付出更多的牺牲。"潘晓婷的父亲不仅曾经是国家级足球队队员，而且也曾经担任过篮球裁判。父亲期望潘晓婷在做事情的时候，秉持这样的态度：要么不做，要做就要做金字塔顶端的人。父亲的话，潘晓婷铭记在了心里，并切实落实到了行动中。为了让自己成为金字塔顶端的人，她付出了比别人多得多的努力，而且心甘情愿，从不抱怨。为了让自己成为最优秀的那一个人，她将吃苦耐劳的精神发挥到了极致。无论别人练习了多少个小时的球，她都要比别人多练习一段时间。久而久之，这样的付出，让她超越了所有的竞争对手。

　　在接受采访时，潘晓婷曾这样说过，如果真的吃不了这份苦，受不了这份罪，还不如及早放弃，另谋出路；但是，只要选择了，就一定要心甘情愿意地吃这份苦，主动去受这份罪。想要成功，吃苦是最基本的，并且必须要有对苦难的耐受力。耐受力越强，越早品尝到成功的喜悦。

　　无数事实证明，吃不了苦的人，很难品尝到痛苦过后的甘甜；吃不了苦的人，很难让自己比别人优秀；吃不了苦的人，特别容易在苦难、困厄面前退缩。古语有云："吃得苦中苦，方为人上人。"当你深入了解了每一位取得伟大成就的人的成功之路后，你会发现，这句话真的是"放诸四海而皆准"的真理！

　　也许有人看不起吃苦耐劳的品格，总是想去投机取巧。然而，无论在哪家企业、哪个组织、哪个团队，能够吃苦耐劳的人都会受到欢迎和重视，而热衷于投机取巧的人，则不见得人人喜欢了。当然，我们提倡吃苦耐劳，也不是让你在做事的时候，一味地埋头苦干甚至蛮干傻干。如果有更高效的方法去做成一件事情，我们当然要采用！然而，高效的方法和吃苦耐劳不但不冲突，而且相得益彰。两者结合在一起，成功会更快到来。

　　每个人都希望自己能够做到高职位，可是，高职位也是从基层一步一步地走上来的。每一个岗位都是非常好的锻炼人的机会，越是基层的，越能让人获得更加丰富的经验，越能更好地锻炼人，促使人迅速地成长起来。

李嘉诚就是凭借自身的吃苦耐劳才获得成功的。

李嘉诚幼年的时候父亲就去世了，14岁的时候，他被迫辍学，不得不走上谋职的道路，将家庭的重担扛起来。经过一番辛苦找寻，少年李嘉诚终于找到了自己人生中的第一份工作：在一家茶楼当服务员。这份工作对成年人来说都是非常辛苦的，更何况是对仍未成年的李嘉诚！辛苦到什么程度呢？每天凌晨5点钟李嘉诚就必须来到茶楼，准备茶水与茶点；每天要连续工作15个小时以上。试问，这样的工作强度和时长，即使是强壮的成年人，又有几个能扛得住？但少年李嘉诚硬是坚持了下去。

李嘉诚很受舅父的疼爱，为了让他每天上班不迟到，舅父将一只闹钟送给了他。李嘉诚每次都调快闹钟，让它提前10分钟响，让自己是第一个赶到茶楼开门工作的。对于李嘉诚的吃苦肯干，茶楼的老板也十分赞赏，他也是加薪最快的一位员工。

有一次，有人向李嘉诚求取成功经验时，他讲了这样一个故事：

在一次演讲会上，有人问日本的"推销之神"原一平，他推销的秘诀是什么。原一平随即将鞋袜脱了下来，让提问者上讲台摸一摸他的脚板。

提问者摸完后，说："您脚底有这么厚的老茧啊！"

原一平说："因为相较于别人，我走了更多的路，而且跑得也更勤。"

李嘉诚接着说道："对于我的脚板，我可能没有资格让你来摸一下，但我要告诉你，我脚底有着很厚的老茧呢。"

那些取得了辉煌成就的人，并不是一开始就成功了的。他们都是通过自己不断的努力，持之以恒地吃苦耐劳，才获得了成功。想要获得成功，就要不断地吃苦，踏踏实实地工作。不能吃苦，不肯吃苦的人，是不会获得成功的。

有舍才有得：该放手时，就放手吧

　　大千世界，如果你不懂得放弃，那么到最后你可能会失去更多。所以该放手的时候就应该放手，该舍弃的时候就应该舍弃。

　　舍得，舍得，有舍才有得。舍是一种智慧，得是一种境界。如果一个人始终背负着自己一生所得，那么即便其拥有钢筋铁骨也会被压倒的。该放手的时候，就放手吧。

　　在这个世界上，你可能会遇到很多不如意的事情，或者失去什么东西的时候，这些会导致你不得不放弃一些既得的利益。其实，你不用对此太过在意，太过伤心。该放手的时候，就大大方方、爽爽快快地放手，也许等待你的是另一种收获。

　　比如，原本夫妻二人十分相爱，但由于种种原因，两个人之间的感情已经被磨没了。这个时候，与其痛苦地生活在一起，还不如痛痛快快地离婚。这样一来，虽然你失去了这段婚姻，但是同时你也获得了追求另外一段美好姻缘的机会。再如，原本与你非常亲密的恋人，背叛了你爱上了别人，与其苦苦纠缠，还不如放弃这段恋情。这样一来，虽然你舍弃了一个爱人，但是也应当为现在的及时分手感到庆幸，因为你不需要再浪费以后的时间了。

　　"舍"与"得"可以说是相辅相成的两个方面，它们都十分客观且真实地存在着。你不应该总是盯着其中一方面看，而对另一方面视而不见。舍弃与得到肯定会有一个平衡点。你不应该总是因为要放弃什么而感到十分痛苦，因为在舍弃某些东西的时候，你可能会得到另外让你感到惊喜的东西。所以，该放手的时候就放手，坦然面对你所遇到的一切磨难与挫折。

如果你总是因为舍弃了什么而悲伤失落，那只能说明你的心胸过于狭窄。当你能够平静地放手时，那么就证明你的心智已经成熟多了。

在现实生活中，我们经常会遇到是舍还是得的选择。我们应该怎样去做呢？不妨先看看下面这个小故事吧。

从前，两个十分贫穷的樵夫，依靠上山捡柴为生。有一天，这两个樵夫在去山上捡柴的时候，非常意外地发现路边有两大包棉花。两个人欣喜若狂。要知道，棉花的价格可是要比柴薪高出好几倍呢。如果能够顺利地将这两包棉花卖掉的话，那么就能够为家人提供一个月的衣食了。于是，两个人各自背了一包棉花往回走，准备回去告诉家人这个好消息。

两个人走着走着，其中一个樵夫眼力很好，他发现在前面的山路上有很大一捆布。等他走近一看，这一大捆居然是上等的细麻布，并且有整整一匹呢。这个樵夫非常高兴，就提议让另外一个樵夫也将自己背上的棉花放下，然后两人背着这些麻布回家。

但是，另外一个樵夫对此却有自己的看法，他觉得自己已经背着这些棉花走了相当长的一段路了，到了这里再将背上的棉花丢掉，那么自己在此之前的辛苦就白费了。所以，这个樵夫说什么也不愿意放弃自己背上的棉花，坚持要背着自己的棉花继续走。那个发现麻布的樵夫看到同伴怎么都不肯听从他的劝说，只能尽力将大部分麻布背到自己的背上，继续向前走。

两个樵夫又走了很长一段路，背着麻布的那个樵夫又远远地望见前面的树林中有什么东西在闪闪发光。等到他走到跟前才发现，地上居然散落着好多坛的黄金。他心想：这下可真是要发大财了。于是，他赶紧邀请同伴将自己背上的棉花扔掉，抱些黄金回家。

但是，他的同伴依旧舍不得放下那些棉花，再次说道："如果我现在将背着这么长时间的棉花给扔了，那么之前的辛苦岂不是白费了。而且你能够保证这些黄金都一定是真的吗？万一这些黄金是假的，那么我们不就白费力气了？所以，我劝你还是别打这些黄金的主意了。免得到头来却空欢喜一场。"

于是，发现黄金的那个樵夫不得不自己选了一坛比较多的黄金抱在怀中，与背着棉花的伙伴继续赶路。当他们走到山下的时候，天空突然下起了一场大雨。可是路上十分空旷，根本没有躲雨的地方，所以这两个人都被淋了个透湿。更加糟糕的是，那一大包棉花，因为吸了非常多的雨水，所以变得相当沉重。那个背棉花的樵夫在万般无奈之下，不得不将自己辛辛苦苦背了一路的棉花给放弃了，最后空着手与那个抱着黄金的樵夫一起回家去了。

这个小故事告诉我们，大千世界，如果你不懂得放弃，那么到最后你可能会失去更多。所以该放手的时候就应该放手，该舍弃的时候就应该舍弃。舍得舍得，有舍才有得。"舍"永远在"得"的前面，这个顺序不仅非常重要，不能随意打乱，而且这还是获得幸福的秘诀。但是，在现实生活中，有太多的人忽略了这个最为奇妙的步骤，而是一味地追求"得"，到最后反而是什么也没有得到。

人的一生中有很多形形色色的十字路口，也正是由于有了这些不同的路口，我们的人生才变得更加变幻莫测、绚丽多彩。所以，要想成为一名令人羡慕的成功者，那么到了应该放手的时候，你就应该果断地放手，不要再留恋那些已经不属于你的东西。这样一来，你才能通过舍弃来抓住被别人忽视的机遇，从而为实现自己的梦想增加更多的资本。而失败者最为致命的弱点，往往是在该放手的时候，不舍得放手，固执地守着眼前的一些东西，最终却失去了更为重要的东西。

拥有空杯心态：学会让过去与荣辱归零

> 无论是在生活中还是在职场里，无论以前经历的是成功还
> 是失败，既然要重新开始，就不妨让它们全都"归零"，然后
> 以全新的姿态开始新的征程。

在阿里巴巴成立十周年的庆典活动上，创始人马云说过这样一番话："今天是阿里巴巴十周年，看到大家的激情，我从来没有那么担忧过，因为今天是一个前十年的一个阶段的结束，后面的日子刚刚开始。从昨天晚上到今天早上，我们收到了18个阿里创始人的辞职信，我们所有的18个人辞去了自己创始人的职位，因为我们知道，从9月11日开始，阿里巴巴将进入一个新的时代，进入合伙人的时代，我们18个人不希望背着自己的荣誉去奋斗，今天晚上将是我们睡得最香的一个晚上，因为今天晚上我们不需要说因为我是创始人，我必须更努力，因为今天我们辞去了创始人，明天早上我们将继续去应聘、求职阿里巴巴，我们希望阿里巴巴再度接受我们，跟任何一个普通的员工一样。我们的过去一切归零，未来十年我们从零开始。"

在十周年庆典以后的几年里，拥有"归零心态"的马云和阿里巴巴，在个人和企业发展上，都创造了"更上一层楼"的成就。

无论是获得了辉煌成就的人，还是取得了卓越业绩的企业，真正想做到"归零"都很不容易。要"归零"，就是要让自己告别过去的荣耀，不再迷恋过去的美好风景，给过去的辉煌画上一个句号，然后在心态上从零开始，踏上新的征程，

迎接新的挑战，让自己继续成长，为创造下一个辉煌而努力。

有人问什么是"归零心态"。归零心态也有人称之为"空杯心态"。怎么理解呢？我们不妨用一个故事，帮助我们理解这一概念。

从前，有位很爱画画的年轻人，苦于没有老师指点，所以画画水平一直进步不大。为了让自己的画技迅速长进，年轻人决定收拾行装，寻名师，学画艺。他找了两年，期间也遇到了一些很有名的画师，然而他发现这些名家对自己的帮忙都极其有限，并不适合做自己的老师。这让他非常苦恼，郁闷不已。

但他没有放弃，而是决定继续寻找。这一天他路过一座寺院，看到天色将晚，便想在这里借宿一晚。寺院方丈同意了他的请求，两个人还交谈了一番。年轻人向方丈诉说了自己的苦闷，方丈认真地听完了年轻人的话，然后说道："我很喜欢茶道，年轻人，你能不能为我创作一幅有关茶道的画呢？"

年轻人马上同意了方丈的请求，然后迅速从行李里取出了纸笔墨砚等作画工具。很快，一幅以茶道为主题的画作便在年轻人手上完成了。只见纸上画着一套精美的茶具，画面上方是茶壶，下方是茶杯，一股水流生动、逼真地从茶壶中注入茶杯里。

年轻人对画作很满意，他以为方丈也会很喜欢，没想到方丈却给了两个字的评价："不好。"

年轻人连忙向方丈请教，问哪里画得不好，是画得不像吗？还是画得不切题？方丈说："画得很像，只是把茶壶与茶杯的位置画错了。如果把茶壶画在下方，茶杯画在上方，位置就对了。"

年轻人听了后一脸的疑惑不解。他问方丈："方丈，您没说错吧？如果真按您说的那样，把茶壶画在下方，茶杯画在上方，试问这茶壶里的水又怎么倒进茶杯里呢？"

方丈听了年轻人的疑问后，哈哈大笑。过了一会儿，他才满含深意地对年轻人说："小伙子，既然你什么都懂了，为什么还要满世界地找一个老师来教你呢？"

最后，方丈拿来一个茶壶和一只茶杯，对年轻人说："你看，现在这个茶杯是空的，所以我倒茶水进去能装得住。"说着，他把茶杯倒满了茶水。然后，他又说：

"但现在呢，我如果再往茶杯里倒茶水，就一定会溢出来。小伙子，如果你不能把杯子空出来，很难装得下新的茶水。"年轻人若有所悟。

这个故事里的年轻人为什么一直找不到一位让他觉得能指点自己的老师呢？因为他觉得自己已经画得很不错了，内心比较自傲，于是不能把自己摆到一个学生的位置。当他觉得那些名师画得也没有什么高明之处时，他就已经把内心的茶杯装满了茶水，已经很难再往里面倒进新茶水了。其实，只要他能够把"茶水"倒空，保持一种谦虚好学的态度，那么无论从什么水平的画师身上，他都能够学到很多有用的知识。

有位著名企业家曾说过："往往一个企业的失败，很可能是因为它曾经的成功。过去成功的理由，很可能正是今天失败的原因。"从哲学上说，事物的发展往往是波浪式前进和螺旋式上升的。在发展的过程中，充满了曲折与阻力，但一旦你能够跨过这些曲折、阻力，就会到达一个全新的层次、境界。要成功跨越，最有效的方式就是让自己学会"归零"，让自己拥有"空杯心态"。

曾记得有一部电视剧里有这样一句经典台词："生活就是要一次又一次地重新开始。"需要"归零""空杯"的人，往往已经拥有了较大的成就，达到了一定的位置，拥有了较多的财富。这时候的你，想让自己拥有"空杯心态"，做到"归零"，确实难度很大，但若不能"归零""空杯"，很可能从此盛极而衰，开始走下坡路。

无论取得过多大的成功，人一旦停止了成长与发展，就迟早会陷入危机，甚至被淘汰出局。怎么办呢？其中一种有效的方法就是不断让自己成长。最有效的一种让自己成长的方式，是学习。而学习最大的敌人是满足、不思进取。怎么样解决这一问题呢？让自己"归零"，学会"空杯"。

如果你到现在为止都还没有取得过让自己自豪的成绩，如果你一直庸庸碌碌地生活，如果你在工作中还是得过且过，"当一日和尚撞一日钟"，那么你更应该让自己"归零"，在过去的后面"画一个句号"，向不成功的过去告别。然后保持一个"空杯心态"，重新出发，努力提升自己，去追求自己最想达成的目标与理想。